W0257582

Examens-Fragen
Klinische Chemie
Zum Gegenstandskatalog

Herausgegeben von K. Borner

Unter Mitarbeit von
E. Henkel R. Kattermann W. Prellwitz
H. Schmidt W. Vogt

Zweite, überarbeitete Auflage

540 Fragen
Im Anhang 383 Fragen des IMPP

Springer-Verlag Berlin Heidelberg GmbH

Professor Dr. Klaus Borner
Freie Universität Berlin
Universitätsklinikum Steglitz (FB2)
Institut für Klinische Chemie und Biochemie (WE12)
Hindenburgdamm 30, 1000 Berlin 45

ISBN 978-3-540-10456-8   ISBN 978-3-662-00894-2 (eBook)
DOI 10.1007/978-3-662-00894-2

CIP-Kurztitelaufnahme der Deutschen Bibliothek
Examens-Fragen klinische Chemie : [zum Gegenstandskatalog] / hrsg. von Klaus Borner.
Unter Mitarb. von E. Henkel . . . – 2., überarb. Aufl. – Berlin ; Heidelberg ; New York :
Springer, 1981.

NE: Borner, Klaus [Hrsg.]; Henkel, Eberhard [Mitverf.]

Das Werk ist urheberrechtlich geschützt. Die dadurch begründeten Rechte, insbesondere die
der Übersetzung, des Nachdruckes, der Funksendung, der Wiedergabe auf photomecha-
nischem oder ähnlichem Wege und der Speicherung in Datenverarbeitungsanlagen bleiben,
auch bei nur auszugsweiser Verwertung, vorbehalten. Die Vergütungsansprüche des § 54,
Abs. 2 UrhG werden durch die „Verwertungsgesellschaft Wort", München, wahrgenommen.

© Springer-Verlag Berlin Heidelberg 1977, 1981
Ursprünglich erschienen bei Springer-Verlag Berlin Heidelberg New York 1981
Die Wiedergabe von Gebrauchsnamen, Handelsnamen, Warenbezeichnungen usw. in diesem
Werk berechtigt auch ohne besondere Kennzeichnung nicht zu der Annahme, daß solche
Namen im Sinne der Warenzeichen- und Markenschutz-Gesetzgebung als frei zu betrachten
wären und daher von jedermann benutzt werden dürften.

2124/3140-543210

Vorwort zur zweiten Auflage

Die 2. Auflage der Fragensammlung wurde ausführlich revidiert und ergänzt. Die Ergänzungen berücksichtigen die Fortentwicklung der Analytik und die Änderungen, die bei der endgültigen Fassung des Gegenstandskatalogs 2 des Instituts für Medizinische und Pharmazeutische Prüfungsfragen (IMPP) erfolgten. Damit wurde eine noch weitergehende Vollständigkeit im Sinne des Gegenstandskatalogs 2 im Vergleich zur 1. Auflage erreicht. Die Fragen entsprechen den vom IMPP verwendeten Typen. Die Anordnung nach Lerngegenständen entspricht der z.Z. gültigen 2. Auflage des Gegenstandskatalogs 2. Der Schwierigkeitsgrad der meisten Fragen ist ebenfalls auf den 1. Abschnitt der Ärztlichen Prüfung ausgerichtet. Lediglich das 7. Kapitel (Hormone) enthält in einem zusätzlichen Abschnitt auch schwierigere Fragen. (Denn wir halten dieses Kapitel des GK 2 in der jetzt vorliegenden Fassung für unvollständig).

Auf vielfach geäußerten Wunsch sind im Anhang auch Prüfungsfragen des IMPP zu den eng verwandten Teilgebieten "Klinische Chemie" und "Pathophysiologie - Pathobiochemie" wiedergegeben. Die Sammlung umfaßt alle bis zum Ende 1980 bekanntgewordenen Fragen. Sie sind wörtlich, ohne Korrekturen, wiedergegeben! Die Zuordnung zu Lerngegenständen des GK 2 wurde vom Herausgeber vorgenommen, um den Rückgriff auf Lehrbücher zu erleichtern. Wir hoffen, durch die Wiedergabe der Fragen des IMPP dem Leser eine zusätzliche Hilfe bei der Prüfungsvorbereitung zu bieten.

Abschließend möchten wir allen Kollegen danken, die uns durch kritische Äußerungen zu Korrekturen und Ergänzungen angeregt haben.

Berlin, im Januar 1981   K. Borner

Vorwort zur ersten Auflage

Die Laboratoriumsdiagnostik hat in den letzten 20 Jahren
stürmische Fortschritte gemacht. Entsprechende Kenntnis-
se sind unentbehrlicher Bestandteil des ärztlichen All-
gemeinwissens geworden und sind konsequenterweise im Gegenstandskatalog für die Ärztliche Prüfung festgelegt.

Die vorliegende Fragensammlung soll dem Studenten die
Möglichkeit bieten, sein Wissen auf dem Gebiet der Klinischen Chemie zu überprüfen. Dabei wird gleichzeitig
die Technik des Beantwortens von Multiple-Choice-Fragen
geübt. Der Leser kann sich so auf die besonderen Umstände dieser Prüfungstechnik vorbereiten.

Die von uns zusammengestellten Fragen umfassen alle im
Gegenstandskatalog für den ersten Abschnitt der Ärztlichen Prüfung für das Fachgebiet Klinische Chemie und Hämatologie angegebenen Gebiete. Die Gliederung orientiert
sich an dem überarbeiteten Entwurf vom September 1976,
der den medizinischen Fakultäten zur Stellungnahme vor-
gelegt wurde.

Der Forderung nach Vollständigkeit der Fragensammlung
ist weitgehend entsprochen worden.

Nach technischen Einzelheiten der Analytik wurde nur dort
gefragt, wo wir es im Rahmen der Arbeitsteilung zwischen
Pflegebereich und Labor für erforderlich halten: beim
Gewinnen und Konservieren von Untersuchungsmaterial.

Die Fragen entsprechen im Format den zur Zeit vom Institut für Medizinische und Pharmazeutische Prüfungsfragen
in Mainz verwendeten Typen. Sie sind eine Auswahl aus
den in klinisch-chemischen Kursen an mehreren Hochschulen
von den Verfassern verwendeten Fragensammlungen. Sie sind
jedoch inhaltlich nicht identisch mit den vom Mainzer Institut in Prüfungen verwendeten Fragen. Auch aus diesem
Grunde raten wir dringend davon ab, Fragen auswendig zu
lernen.

Juli 1977   K. Borner

Inhaltsverzeichnis

Mitarbeiterverzeichnis

HENKEL, Eberhard, Dr. med., Medizinische Hochschule Hannover, Institut für Klinische Chemie, Abteilung II, Zentrallabor, Krankenhaus Oststadt, Podbielskistr. 380, 3 Hannover 51

KATTERMANN, Reinhard, Prof. Dr. med, Klinisch-chemisches Institut, Klinikum Mannheim der Universität Heidelberg, Theodor-Kutzer-Ufer, 68 Mannheim 1

PRELLWITZ, Winfried, Prof. Dr. med., Universität Mainz, II. Medizinische Klinik und Poliklinik, Langenbeckstr. 1, 65 Mainz

SCHMIDT, Helmut, Dr. med., Landeslehranstalt für technische Assistenten in der Medizin, Leonorenstr. 35, 1000 Berlin 46

VOGT, Wolfgang, Prof. Dr. med., Ludwig-Maximilians-Universität München, Klinikum Großhadern, Institut für Klinische Chemie, Marchioninistr. 15, 8000 München 70

Hinweise zur Benutzung der Fragensammlung *

Am Kopf jeder Frage finden sich 3 Angaben. Die 1. Zahl
ist die Fragennummer, welche die Frage in diesem Buch
erhält. Die 2. Zahl ist die Nummer des zugehörigen Lern-
ziels des Gegenstandskatalogs. Die 3. Angabe ist der
Fragen-Typ nach der Klassifizierung des Instituts für
medizinische und pharmazeutische Prüfungsfragen in Mainz.

Fragentyp A = Einfachauswahl

Auf eine Frage oder unvollständige Aussage folgen 5 Antworten oder Ergänzungen, von denen eine einzige auszu-
wählen ist, und zwar entweder die einzig richtige oder
die beste von mehreren möglichen oder die einzig falsche.
Die Frage nach der einzig richtigen Antwort wird am häufigsten gestellt. Wenn nach der "besten" oder der einzig
falschen Antwort gefragt wird, so geht dies aus dem Auf-
gabentext ausdrücklich hervor.

Fragentyp B = Aufgabengruppe mit gemeinsamem Antwort-
angebot (Zuordnung)

Jede Aufgabengruppe besteht aus
a) einer beliebigen Anzahl von numerierten Begriffen,
   Fragen oder Aussagen (= Aufgabenliste = Liste 1).
b) 5 durch die Buchstaben A - E gekennzeichneten Ant-
   wortmöglichkeiten (= Liste 2).

Eine Fragengruppe enthält so viele - einzeln bewertete -
Aufgaben, wie die Aufgabenliste Punkte hat.
Zu jeder numerierten Aufgabe ist die Antwort A - E aus-
zuwählen, die für zutreffend gehalten wird. Jede Ant-
wortmöglichkeit kann einmal, mehrmals oder überhaupt
nicht als Lösung vorkommen.

Fragentyp C = kausale Verknüpfung

Dieser Aufgabentyp besteht aus zwei durch das Wort
"weil" verknüpfte Feststellungen.
Jede der beiden Feststellungen kann unabhängig von der
anderen richtig oder falsch sein. Wenn sie beide richtig
sind, kann die Verknüpfung durch "weil" richtig oder
falsch sein.

---

*siehe auch Ausklapptafel am Ende des Buches.

Bitte kreuzen Sie die Antwort A - E an, die nach Ihrer
Meinung die beiden Feststellungen und ihre Verknüpfung
richtig beurteilt:

Antwort	Feststellung 1	Feststellung 2	Verknüpfung
A	richtig	richtig	richtig
B	richtig	richtig	falsch
C	richtig	falsch	-
D	falsch	richtig	-
E	falsch	falsch	-

Fragentyp D = Antworten mit Aussagenkombinationen

Auf eine Frage oder unvollständige Aussage folgen nu-
merierte Begriffe oder Sätze, von denen _einer oder mehrere_
zutreffen können.
Für jede Aufgabe nach Typ D werden 5 Kombinationen der
numerierten Aussagen vorgegeben.
Aus diesen mit den Buchstaben A - E gekennzeichneten Antworten wählen Sie bitte die Aussagenkombination aus,
die Sie für richtig halten.

1. Der klinisch-chemische Befund

Welche der genannten klinisch-chemischen Kenngrößen sollten in einem Krankenhaus für Akutkranke jederzeit und un-
verzüglich, d.h. auch im Nacht- und Spätdienst, bestimmt
werden können?

1) Cholesterin im Serum

2) Kalium im Serum

3) Okkultes Blut im Stuhl

4) Hämoglobin im Blut

5) Aktivität der Amylase im Serum

Wählen Sie bitte die zutreffende Aussagenkombination.

A. Alle Aussagen sind richtig

B. Nur 1, 2 und 3 sind richtig

C. Nur 2, 3 und 4 sind richtig

D. Nur 2, 4 und 5 sind richtig

E. Nur 3, 4 und 5 sind richtig

Bei welchen Laboratoriumsergebnissen liegt bei gesunden Erwachsenen ein deutlicher Geschlechtsunterschied von über 10% vor?

1) Eisen im Serum

2) Gesamtprotein im Serum

3) Kreatinin im Serum

4) Erythrocytenzahl im Blut

5) Hämoglobin im Blut

6) Hämoglobingehalt des Einzelerythrocyten (MCH oder Hb_E)

Wählen Sie bitte die zutreffende Aussagenkombination.

A. Alle Antworten sind richtig

B. Nur 1, 2, 3, 4 und 5 sind richtig

C. Nur 1, 2, 3, 4 und 6 sind richtig

D. Nur 1, 3, 4 und 5 sind richtig

E. Keine Antwort ist richtig

Welches klinisch-chemische Merkmal ist auch nach dem 1. Lebensjahr deutlich abhängig vom Lebensalter?

A. Natrium im Serum

B. Alkalische Phosphatase im Serum

C. Chlorid im Serum

D. Bilirubin im Serum

E. Harnstoff im Serum

1.004   1.2   Fragentyp A

Welche der aufgeführten klinisch-chemischen Kenngrößen
wird bei einem gesunden Erwachsenen von der Zusammensetzung der Nahrung beeinflußt?

A. Amylase im Serum

B. Fibrinogen im Plasma

C. pCO_2 im Blut

D. Harnstoff im Serum

E. Gamma-Globulin im Serum

1.005   1.2   Fragentyp D

Eine nach kurzer Zeit (10-20 min) zu beobachtende Zunahme
von Gesamteiweiß, Calcium und Cholesterin von rd. 10% in
vivo kann folgende Ursache haben:

1) Lageveränderung des Patienten (Lagewechsel von der
   Senkrechten in die Horizontale)

2) Zu lange venöse Stauung vor der Blutentnahme

3) Zunahme des Blutdrucks und der Herzfrequenz

4) Rasche Muskeltätigkeit

5) Eine Zunahme in diesem Zeitraum ist nicht zu beobachten

Wählen Sie bitte die zutreffende Aussagenkombination.

A. Nur 1 ist richtig

B. Nur 1 und 2 sind richtig

C. Nur 1, 2 und 3 sind richtig

D. Nur 2, 3 und 4 sind richtig

E. Nur 5 ist richtig

1.006   1.2   Fragentyp D

Welche der genannten Einflüsse sind vor einer Blutabnahme
zu beachten und je nach der zu bestimmenden Kenngröße zu
berücksichtigen?

1) Art und Zeitpunkt der letzten Nahrungsaufnahme

2) Zeitpunkt der Blutentnahme

3) Verabreichte Medikamente

4) Körperlage des Patienten

Wählen Sie bitte die zutreffende Aussagenkombination.

A. Nur 1, 2 und 4 sind richtig

B. Nur 2 und 3 sind richtig

C. Nur 1 ist richtig

D. Nur 1 und 3 sind richtig

E. Alle Aussagen sind richtig

1.007   1.2   Fragentyp C

Bei der Bestimmung des Cortisols im Plasma spielt der
Zeitpunkt der Blutentnahme eine wesentliche Rolle,

<u>weil</u>

die Konzentration des Plasma Cortisols am Mittag bzw.
Abend höher ist als am Morgen.

1.008   1.2   Fragentyp D

Der Anstieg bestimmter klinisch-chemischer Kenngrößen
(Proteine, proteingebundene Substanzen) nach zu langer
venöser Blutstauung vor der Blutentnahme ist bedingt
durch eine

1) Abnahme des Blutvolumens

2) Durchblutungsstörung der gestauten Extremität

3) Hämolyse

4) Zunahme des Plasmavolumens

5) Verminderung des Blutdrucks

Wählen Sie bitte die zutreffende Aussagenkombination.

A. Nur 1 ist richtig

B. Nur 1 und 3 sind richtig

C. Nur 1, 3 und 4 sind richtig

D. Nur 4 und 5 sind richtig

E. Alle Aussagen sind richtig

1.009 1.012		
1.010 1.013		
1.011	1.3	Fragentyp B

Welcher Störfaktor der Liste 1 beeinflußt die in Liste 2
aufgeführten Kenngrößen im Serum jeweils am stärksten?

Liste 1

1.009 Röntgenkontrast-
mittel

1.010 Alkoholzufuhr

1.011 Schwere körper-
liche Arbeit

1.012 Nahrungszufuhr

1.013 Ovulationshemmer

Liste 2

A. Kretininkinase (CK)

B. Coeruloplasmin

C. Gamma-Glutamyltransferase
(Gamma-Glutamyltranspepti-
dase, Gamma-GT)

D. Triglyceride

E. Bromsulphophtalein-Test
(BSP)

1.014	1.3	Fragentyp A

Welche Analysenmethode gibt bei Anwesenheit von Dextran
im Untersuchungsmaterial zu hohe Ergebnisse?

A. Natrium im Serum, Flammenphotometrie

B. Alkalische Phosphatase im Serum, Standardmethode

C. Protein im Serum, Biuretmethode

D. Bilirubin im Serum, Diazomethode

E. Alaninaminotransferase (Glutamat-Pyruvat-Transaminase, GPT) im Serum, Standardmethode

1.015   1.3   Fragentyp D

Was kann eine intensive milchige Trübung eines Serums
bedeuten?

1) Es ist eine Nachgerinnung eingetreten

2) Es liegt ein akuter Blutverlust vor

3) Es kann eine sog. Paraproteinämie vorliegen

4) Es liegt eine Störung des Fettstoffwechsels vor

5) Der Patient hat in den 2 Stunden vor der Blutentnahme etwas gegessen

Wählen Sie bitte die zutreffende Aussagenkombination.

A. Nur 1 und 2 sind richtig

B. Nur 2 und 3 sind richtig

C. Nur 1 und 3 sind richtig

D. Nur 3 und 4 sind richtig

E. Nur 4 und 5 sind richtig

1.016   1.3   Fragentyp A

Welches Laborergebnis wird durch Nahrungsaufnahme 1 Stunde
vor der Blutentnahme am stärksten beeinflußt?

A. Gesamtprotein im Serum

B. Natrium im Serum

C. Triglyceride im Serum

D. Calcium im Serum (Methode: Atomabsorptionsspektro-
   photometrie)

E. Kreatinkinase im Serum

Welches Untersuchungsmaterial (Liste 2) wird für die
Bestimmung der in Liste 1 angeführten Kenngrößen benötigt?

Liste 1   Liste 2

1.017 Kalium im Serum   A. Citratplasma (aus je 1 Teil
                               38 g/l Natriumcitrat und
1.018 Glucose im Voll-   9 Teilen Blut)
      blut
                            B. Vollblut, heparinisiert,
1.019 Thromboplastinzeit   gasdicht, luftblasenfrei
      (Quick-Wert)   im Eisbad

1.020 Blutkörperchen-   C. Citratblut (aus 0,4 ml
      senkungsgeschwin-   38 g/l Natriumcitrat und
      digkeit   1,6 ml Vollblut)

1.021 Prothrombin im   D. Vollblut mit Natriumfluorid
      Plasma   und Natriumoxalat

                            E. Serum, hämolysefrei, ohne
                               Zusätze

1.022   1.3   Fragentyp C

Untersuchungsmaterial für Gerinnungsanalysen muß in
Plastik- oder silikonisierten Spritzen aus Glas abge-
nommen werden,

weil

in diesen Gefäßen Blut nicht gerinnt.

1.023   1.3   Fragentyp A

Welche der angeführten Substanzen ist lichtempfindlich?

A. Glucose im Vollblut
B. Kreatinin im Serum
C. Harnstoff im Serum
D. Bilirubin im Serum
E. Hämoglobin im Plasma

1.024   1.3   Fragentyp D

Eine Harnprobe hat ohne konservierende Zusätze 6 Stunden
bei Zimmertemperatur gestanden und war nicht steril ab-
genommen. Welche Untersuchungsergebnisse sind unter diesen Umständen diagnostisch wertlos?

1) Massive Hämaturie

2) Nachweis von Ketonkörpern

3) Massenhaft Bakterien im Sediment

4) Leukocytenzylinder im Sediment

5) Abnorme Aminosäure-Konzentrationen

Wählen Sie bitte die zutreffende Aussagenkombination.

A. Nur 1 und 2 sind richtig

B. Nur 2 und 3 sind richtig

C. Nur 3 und 4 sind richtig

D. Nur 3 und 5 sind richtig

E. Nur 4 und 5 sind richtig

1.025   1.3   Fragentyp C

Die Blutentnahme aus einem ca. 3 Minuten lang gestauten
Arm zur Bestimmung des Lactats im Serum führt zu einem
erheblichen Fehler,

weil

Lactat-Dehydrogenase (LDH) aus dem Skeletmuskel freigesetzt wird.

1.026   1.3   Fragentyp A

Eine Blutprobe hat 2 Stunden lang in einem offenen Zen-
trifugenglas bei Raumtemperatur ohne Zusätze gestanden.
Welche Kenngröße hat sich in dem anschließend abgetrenn-
ten Serum am stärksten verändert?

A. Glucose

B. Triglyceride

C. Alaninaminotransferase (Glutamat-Pyruvat-Transaminase,
   GPT)

D. Protein

E. Harnstoff

Fluoridzusatz zum Vollblut

A. soll die Enzyme Aspartataminotransferase (Glutamat-
   Oxalacetat-Transaminase, GOT) und Alaninaminotransferase (Glutamat-Pyruvat-Transaminase, GPT) aktivieren

B. verhindert ein Ausfallen des Enzyms Kreatinkinase (CK)

C. verzögert den Abbau von Glucose durch Erythrocyten

D. bewirkt eine bessere Trennung der Proteine in der
   Elektrophorese

E. verzögert die Hämolyse der Erythrocyten

1.028   1.3   Fragentyp C

Die Konzentration von Ammoniak im Plasma muß so schnell
wie möglich nach der Blutentnahme bestimmt werden,

weil

Ammoniak kontinuierlich aus Glutamin, Asparagin und
Nucleotiden durch Enzyme freigesetzt wird.

1.029   1.3   Fragentyp A

Welche nachstehend aufgeführte Kenngröße sollte innerhalb von 2 Stunden nach der Blutentnahme bestimmt werden, weil das Untersuchungsmaterial instabil ist?

A. Kreatinin

B. Alaninaminotransferase (Glutamat-Pyruvat-Transaminase,
   GPT)

C. Kalium

D. Harnsäure

E. Thromboplastinzeit (Quick-Test)

1.030   1.3   Fragentyp A

Eine Vollblutprobe darf für die Kalium-Bestimmung nicht über längere Zeit aufbewahrt werden, sondern muß innerhalb von 2 Stunden zentrifugiert werden, weil

A. von den Erythrocyten gebildete Milchsäure Kalium bindet

B. mit der Schädigung der Erythrocyten die intracelluläre Flüssigkeit als Lösungsvolumen zusätzlich zur Verfügung steht

C. mit der Schädigung der Erythrocyten Kalium vermehrt in das Serum übertritt

D. Kaliumionen sich mit der Zeit stärker an Eiweiß binden

E. Kaliumverbindungen schnell dissoziieren und die Kaliumionen sich dem Nachweis entziehen

---

1.031   1.3   Fragentyp A

Eine Blutprobe zur Calciumbestimmung darf nicht längere Zeit als Vollblut aufbewahrt werden, weil

A. von den Erythrocyten gebildetes Citrat Calciumionen bindet

B. mit der Schädigung der Erythrocyten Calciumionen frei werden

C. geschädigte Erythrocyten Calciumionen aufnehmen

D. sich Calciumionen proportional mit der Zeit an Eiweiß binden

E. mit der Abgabe von Kohlendioxyd aus der Probe Calciumcarbonat ausfällt

---

1.032   1.3   Fragentyp C

Eine Hämolyse stört die flammenphotometrische Bestimmung von Kalium im Serum erheblich,

weil

die rote Farbe des Hämoglobins die Messung der Lichtemission des Kaliums beeinflußt.

1.033   1.3   Fragentyp C

Im hämolytischen Serum ist die Konzentration des Kaliums
erhöht,

<u>weil</u>

die intracelluläre Konzentration des Kaliums höher ist
als die extracelluläre.

1.034   1.3   Fragentyp D

Durch die Hämolyse wird die Bestimmung folgender Kenngrößen im Serum besonders intensiv gestört:

1) Aktivität der sauren Phosphatase

2) Aktivität der Lactat-Dehydrogenase

3) Konzentration von Glucose

4) Konzentration von Harnstoff

5) Konzentration von Natrium

Wählen Sie bitte die zutreffende Aussagenkombination.

A. Nur 1 ist richtig

B. Nur 1 und 2 sind richtig

C. Nur 1, 2 und 4 sind richtig

D. Nur 3, 4 und 5 sind richtig

E. Alle Aussagen sind richtig

1.035   1.3   Fragentyp A

Hämolytische Seren sind eine häufige Fehlerquelle bei
der Bestimmung von

A. Natrium

B. Calcium

C. Chlorid

D. Glucose

E. Kreatinin

1.036   1.4   Fragentyp D

Die 24-Stunden-Sammlung von Harn ist notwendig

1) bei Bilanzierungen

2) zur Erfassung von tageszeitlichen Schwankungen von Stoffwechselmetaboliten

3) zur Kontrolle der Funktionstüchtigkeit der Niere

4) zur Gewinnung ausreichender Volumina für die Bestimmung von Calcium und Phosphat

5) zum quantitativen Bestimmen von Substanzen, deren Bestimmung im Serum zu schwierig ist

Wählen Sie bitte die zutreffende Aussagenkombination.

A. Nur 1, 3 und 5 sind richtig

B. Nur 1, 2 und 3 sind richtig

C. Nur 2, 3 und 4 sind richtig

D. Nur 2, 3 und 5 sind richtig

E. Alle Antworten sind richtig

1.037   1.4   Fragentyp D

Für eine Elektrolytbilanz sollen vom Labor Natrium und Kalium in verschiedenen Untersuchungsmaterialien (Harn, Fistelsekret, Magensaft) bestimmt werden. Was muß unbedingt erfolgen, damit eine exakte Bilanz erstellt werden kann?

1) Vollständige Sammlung aller ausgeschiedenen Körperflüssigkeiten

2) Gleichzeitige Blutabnahmen für Serumanalysen

3) Bestimmen der Dichte in allen ausgeschiedenen Körperflüssigkeiten

4) Bestimmen der Volumina der Ausscheidungen

5) Exaktes Einhalten der Sammelperioden

Wählen Sie bitte die zutreffende Aussagenkombination.

A. Alle Antworten sind richtig

B. Nur 1, 2 und 3 sind richtig

C. Nur 1, 4 und 5 sind richtig

D. Nur 2, 3 und 4 sind richtig

E. Nur 3, 4 und 5 sind richtig

1.038   1.4   Fragentyp A

Das korrekte Sammeln eines 24-Stunden-Harns wird überprüft durch Bestimmen

A. der Osmolalität des Harns

B. von Chlorid im 24-Stunden-Harn

C. der Kreatinin-Ausscheidung pro 24 Stunden und
kg Körpergewicht

D. der Harnstoffausscheidung pro 24 Stunden

E. von Titrationsacidität und Ammoniak-Ausscheidung

1.039   1.4   Fragentyp D

Capilläres Blut zeigt gegenüber venösem Blut eine systematische Abweichung in der Konzentration folgender Kenngrößen:

1) Höhere Konzentrationen von Hämoglobin und corpusculären Bestandteilen

2) Niedrigere Konzentrationen von Harnstoff und Kreatinin

3) Höhere Konzentrationen von Proteinen und Lipoproteinen

4) Niedrigere Konzentrationen von Natrium und Kalium

5) Höhere Konzentrationen von Cholesterin und Triglyceriden

Wählen Sie bitte die zutreffende Aussagenkombination.

A. Nur 1 ist richtig

B. Nur 1 und 2 sind richtig

C. Nur 1, 3 und 5 sind richtig

D. Nur 1, 2, 3 und 4 sind richtig

E. Nur 4 und 5 sind richtig

2. Allgemeine Analytik

2.001   **2.1**   **Fragentyp A3**

Welches Zuverlässigkeitskriterium findet bei einem qualitativen Test <u>keine</u> Anwendung?

A. Präzision

B. Störempfindlichkeit

C. Nachweisgrenze

D. Meßbereich

E. Spezifität

2.002   **2.1**   **Fragentyp A**

Welche Kenngröße kann <u>nicht</u> als qualitativer Nachweis ermittelt werden?

A. Protein im Harn

B. Hämoglobin im Harn

C. Rheumafaktor im Serum

D. Thromboplastinzeit (Quick-Test) im Plasma

E. Humanchoriongonadotropin (HCG) im Harn

2.003   **2.1**   **Fragentyp A3·**

Bei einem klinisch unauffälligen Patienten besteht aufgrund der Familienanamnese der Verdacht auf das Vorliegen eines subklinischen Diabetes mellitus. Welche Kenngröße ist für die Diagnose die wichtigste?

A. Glucose im Harn, qualitativ

B. Glucose im Harn, quantitativ, 24-Stunden-Menge

C. Nüchternglucose im Plasma

D. Glucose im Plasma, Tagesprofil

E. Ergebnis des oralen Glucosetoleranztestes

Welche in der Medizin verwendeten Meßgeräte sind nach
dem Gesetz eichpflichtig?

1) pH-Meter

2) Flammenphotometer

3) Personenwaagen

4) Analysenwaagen

5) Blutdruckmeßgeräte

6) Photometer

7) Pipetten über 100 Mikroliter und Meßkolben

8) Augentonometer

Wählen Sie bitte die zutreffende Aussagenkombination.

A. Keines der genannten Geräte ist eichpflichtig

B. Nur 2, 3, 4, 6 und 7 sind eichpflichtig

C. Nur 3, 4, 5, 6 und 7 sind eichpflichtig

D. Nur 3, 4, 5, 7 und 8 sind eichpflichtig

E. Alle Geräte sind eichpflichtig

Das Bouguer-Lambert-Beersche Gesetz sagt aus:

A. Die Extinktion ist proportional der Konzentration
   und Schichtdicke

B. Die Extinktion ist gleich dem negativen dekadischen
   Logarithmus der Transmission

C. Die Transmission ist umgekehrt proportional der Konzentration und der Schichtdicke

D. Die Extinktion ist umgekehrt proportional der Konzentration und der Schichtdicke

E. Die Konzentration ist proportional zum Quadrat der
   Extinktion

2.006   2.3   Fragentyp A

Die Extinktion (E) in der Photometrie errechnet sich aus der Transmission nach

A. $E = \log T$

B. $E = 2 - \log T\%$

C. $E = 2 - \log T$

D. $E = \log T\%$

E. $E = 2 + \log T\%$

2.007   2.3   Fragentyp A

Die Gültigkeit des Bouguer-Lambert-Beerschen Gesetzes wird überprüft durch

A. Doppelbestimmungen bzw. Dreifachbestimmungen

B. Anfertigen einer Eichkurve und Prüfen der Linearität

C. Messen derselben Lösung in verschiedenen Photometern

D. Zusätzliche Verwendung einer Referenzmethode

E. Messungen mit einem Doppelstrahl-Photometer mit zwei verschiedenen Wellenlängen

2.008   2.3   Fragentyp D

Welches der genannten Bauelemente findet sich in einem Spektrallinien-Photometer?

1) Interferenzfilter

2) Küvettenhalter

3) Sekundärelektronenvervielfacher

4) Lichtquelle

5) Gittermonochromator

Wählen Sie bitte die zutreffende Aussagenkombination.

A. Nur 1 und 2 sind richtig

B. Nur 2, 3, 4 und 5 sind richtig

C. Nur 1, 2, 3 und 4 sind richtig

D. Nur 3 und 4 sind richtig

E. Nur 3, 4 und 5 sind richtig

2.009   2.3   Fragentyp D

2.009 2.3 Fragentyp D

Die Angabe Hg 546 nm auf einem Filter besagt:

1) Das Filter ist durchlässig für Licht unter 546 nm Wellenlänge

2) Das Filter ist durchlässig für Licht über 546 nm Wellenlänge

3) Das Filter sollte in Kombination mit einer Glühlampe benutzt werden

4) Das Filter sollte in Kombination mit einer Quecksilberlampe benutzt werden

5) Das Filter hat seine maximale Durchlässigkeit bei 546 nm

Wählen Sie bitte die zutreffende Aussagenkombination.

A. Nur 1 ist richtig

B. Nur 2 und 3 sind richtig

C. Nur 2 und 4 sind richtig

D. Nur 3 und 5 sind richtig

E. Nur 4 und 5 sind richtig

2.010 2.012
2.011 2.013   2.3   Fragentyp B

Welches Prinzip (Liste 2) gehört zu welcher Meßtechnik (Liste 1)?

Liste 1

2.010 Absorptions-Photometrie in Flüssigkeiten

2.011 Fluorometrie in Flüssigkeiten

2.012 Emissions-Flammenphotometrie

2.013 Atomabsorptions-Spektrophotometrie

Liste 2

A. Absorption von Licht durch Moleküle im Grundzustand

B. Emission angeregter Ionen

C. Emission angeregter Atome

D. Emission angeregter Moleküle

E. Absorption durch Atome im Grundzustand

2.014   2.3   Fragentyp A

Bei einem optischen Test zur Enzymaktivitätsbestimmung messen Sie über 4 Minuten einen nichtlinearen Verlauf der Extinktionsabnahme. Bei der Berechnung erhalten Sie ein korrektes Ergebnis, wenn Sie

A. den Mittelwert des Extinktionsabfalls zugrundelegen

B. die Werte der beiden ersten Minuten benutzen

C. die Werte der beiden letzten Minuten benutzen

D. die Aktivität eines gleichzeitig gemessenen Kontrollserums zugrundelegen

E. Eine Berechnung ist unter diesen Bedingungen nicht zulässig.

2.015   2.3   Fragentyp C

Bei Verwenden von runden Küvetten in der Photometrie besteht die Gefahr einer Verfälschung der Ergebnisse,

weil

eine Voraussetzung des Bouguer-Lambert-Beerschen Gesetzes, einheitliche optische Weglänge in allen Teilen der Küvette, nicht erfüllt wird.

2.016   2.3   Fragentyp A

Welcher der genannten Parameter erhöht den Berechnungsfaktor bei der photometrischen Substratbestimmung?

A. Ein größeres Probenvolumen

B. Eine längere Meßdauer

C. Eine größere Schichtdicke

D. Ein größeres Gesamtansatzvolumen

E. Eine höhere Extinktion der Probe

2.017   2.3   Fragentyp A

Die Bestimmung der Lactat-Dehydrogenase-(LDH-)Aktivität
im Serum mit der optimierten Standardmethode beruht auf

A. einer Absolutmessung des pro Minute gebildeten Lactats

B. einer Relativmessung unter Verwendung eines LDH-Stan-
   dards

C. einer Absolutmessung des pro Minute verbrauchten NADH

D. einer Absolutmessung des pro Minute verbrauchten Py-
   ruvats

E. einer Absolutmessung des pro Minute gebildeten NADH

2.018   2.3   Fragentyp A

Weshalb ändert sich der Faktor, wenn man eine Bestimmung
der Aktivität der Alaninaminotransferase (Glutamat-Pyruvat-Transaminase, GPT) anstatt bei 366 nm bei 334 nm
durchführt?

A. Der Extinktionskoeffizient von NADH ist bei 334 nm
   kleiner

B. Der Extinktionskoeffizient von NADH ist bei 334 nm
   größer

C. Delta-E/min nimmt ab

D. Die weniger intensive Hg-Linie 334 nm erfordert eine
   höhere elektronische Verstärkung

E. NADH ist bei 334 nm stabiler

2.019   2.3   Fragentyp A

Bei photometrischen Absolutmessungen errechnet man die
Konzentration einer Lösung nach (Epsilon = Extinktionskoeffizient):

A. c = Extinktion x Epsilon x Schichtdicke

B. c = Extinktion x Schichtdicke

C. c = Extinktion / (Epsilon x Schichtdicke)

D. c = (Extinktion x Epsilon) / Schichtdicke

E. c = (Epsilon x Schichtdicke) / Extinktion

2.020   2.3   Fragentyp A

Der Faktor, mit dem die Extinktion einer Meßprobe multi-
pliziert werden muß, um die Konzentration zu errechnen,
setzt sich bei einer Relativmessung zusammen aus:

A. Konzentration des Standards

B. Extinktion des Standards

C. Produkt aus Extinktion und Konzentration des Standards

D. Quotient von Extinktion und Konzentration des Standards

E. Quotient von Konzentration und Extinktion des Standards

2.021   2.6   Fragentyp D

Die Nachweisgrenze eines Radioimmunoassays hängt ab von

1) der Avidität des verwendeten Antikörpers (Affinitäts-
   konstante)

2) der Spezifität des verwendeten Antikörpers

3) der spezifischen Aktivität des markierten Antigens

4) der Temperatur der Bindungsreaktion

5) der Inkubationszeit

Wählen Sie bitte die zutreffende Aussagenkombination.

A. Nur 1 ist richtig

B. Nur 1 und 2 sind richtig

C. Nur 1 und 3 sind richtig

D. Nur 2 ist richtig

E. Nur 3, 4 und 5 sind richtig

2.022   2.3   Fragentyp A

In Radio- und Enzymimmunoassays verwendete Antikörper
gegen L-Thyroxin sind zumeist recht spezifisch. Bei
welcher der nachfolgend genannten Substanzen muß den-
noch - unter Berücksichtigung von im Serum vorkommenden Konzentrationen - mit einer erheblichen Störung
gerechnet werden?

A. 3-Monoiodtyrosin

B. 3,5-Diiodtyrosin

C. L-Triiodthyronin

D. Tyrosin

E. D-Thyroxin

2.023   2.3   Fragentyp D

Welche Aussagen treffen für den homogenen Enzymimmuno-
assay (Typ EMIT) zu?

1) das marker-Enzym ist kovalent an den Antikörper gebunden

2) Das marker-Enzym ist kovalent an das Antigen gebunden

3) Der Antigen-Antikörper-Komplex bildet sich an der
Gefäßwand (sog. solid phase technique)

4) Der Antigen-Antikörper-Komplex wird durch Zentrifugieren aus der Lösung entfernt

5) Im Antigen-Antikörper-Komplex hat das marker-Enzym
eine veränderte Aktivität

Wählen Sie bitte die zutreffende Aussagenkombination.

A. Nur 1 und 3 sind richtig

B. Nur 1 und 5 sind richtig

C. Nur 2 und 3 sind richtig

D. Nur 2 und 4 sind richtig

E. Nur 2 und 5 sind richtig

2.024   2.6   Fragentyp D

Welche Teilschritte umfaßt der heterogene Enzymimmuno-
assay vom Typ ELISA (enzyme linked immunosorbent assay)?
(Beispiel: Bestimmung von Gesamt-Thyroxin (T$_4$) im Serum)

1) Isolierung von thyroxinbindenden Globulin (TGB) über
   eine Sephadex-Säule

2) Trennung von Thyroxin vom Trägerprotein, z.B. durch
   ANS (8-Anilino-1-naphtalindisulfonsäure)

3) Konkurrierende Bindung von Thyroxin und Thyroxin-
   Enzymkonjugat an den wandständigen Antikörper des
   Reaktionsgefäßes

4) Trennung von gebundener und freier Fraktion des Thy-
   roxin-Enzymkonjugats durch Absaugen der flüssigen
   Phase

5) Bestimmen der enzymatischen Aktivität des antikörper-
   gebundenen Thyroxin-Enzymkonjugates

Wählen Sie bitte die zutreffende Aussagenkombination.

A. Nur 1 und 2 sind richtig

B. Nur 1, 3 und 4 sind richtig

C. Nur 2, 3, 4 und 5 sind richtig

D. Nur 3 und 4 sind richtig

E. Alle Aussagen sind richtig

2.025   2.4   Fragentyp C

Die Verwendung der gleichen Probe als Kontrollserum und
Standard ist unzulässig,

weil

dadurch systematische Fehler verschleiert werden.

2.026   2.4   Fragentyp A

Wenn Sie zur Kontrolle einer Analysenmethode nur ein
Kontrollmaterial einsetzen, wo sollte dann die Konzentration, das Lagekriterium, zweckmäßigerweise liegen?

A. Im Bereich der Nachweisgrenze

B. Im obersten Teil des Meßbereichs

C. Im Bereich des Medians der Referenzpopulation (Normal-
kollektiv)

D. Im Grenzbereich zwischen normalen und pathologischen
Ergebnissen

E. Im hochpathologischen Bereich

2.027   2.5   Fragentyp A

Welche Maßeinheit für eine Konzentrationsangabe ist nach
dem Système International korrekt?

A. ng/ml

B. mg%

C. mmol/l

D. mmol%

E. mikromol/ml

2.028   2.5   Fragentyp A

Welche der genannten Kenngrößen trägt die Dimension eines
Grundmaßes?

A. Volumen

B. Konzentration

C. Extinktion

D. Wellenlänge

E. pH-Wert

2.029   2.5   Fragentyp D

Welche Maßeinheit der nachstehend aufgeführten Kenngrößen entspricht den internationalen Vereinbarungen
(SI-System)?

1) pCO_2, Vollblut arteriell: mm Hg

2) Glucose, Serum: mmol/l

3) Eisen, Plasma: mikromol/l

4) Cholesterin, Serum: mg/dl

5) Calcium, Serum: mval

Wählen Sie bitte die zutreffende Aussagenkombination.

A. Nur 1 und 4 sind richtig

B. Nur 4 und 5 sind richtig

C. Nur 2 und 3 sind richtig

D. Nur 2 und 5 sind richtig

E. Nur 3 und 5 sind richtig

2.030   2.5   Fragentyp C

Die Konzentration von Gesamt-Protein im Serum wird auch
nach dem SI-System in g/l und nicht in mmol/l angegeben,

weil

das Molekulargewicht der meisten Serumproteine keine
konstante Größe ist.

2.031   2.5   Fragentyp A

Für die Umrechnung von mg/100 ml in mmol/l verwendet man
folgende Formel: c(mmol/l) =

A. $\dfrac{\text{(mg/100 ml) x 10}}{\text{Molekulargewicht}}$

B. $\dfrac{\text{(mg/100 ml) x Molekulargewicht}}{10}$

C. $\dfrac{\text{(mg/100 ml) x 1000}}{\text{Molekulargewicht}}$

D. (mg/100 ml) x 10 x Molekulargewicht

E. $\dfrac{\text{Molekulargewicht x 10}}{\text{(mg/100 ml)}}$

2.032	2.035		
2.033	2.036		
2.034		2.5	Fragentyp B

Ordnen Sie die korrekten und zweckmäßigen Maßeinheiten (Liste 2) nach dem SI-System den in Liste 1 angegebenen Größen zu.

Liste 1

2.032 Protein im Serum

2.033 Glucose im Plasma

2.034 Eisen im Serum

2.035 pCO_2 im arteriellen Vollblut

2.036 Harnstoff im Harn

Liste 2

A. mmol/l

B. mmol/d

C. mikromol/l

D. g/l

E. kPa

2.037	2.5	Fragentyp A

Eine internationale Einheit der Enzymaktivität (U) wird z.Z. als Substratumsatz unter Standardbedingungen folgendermaßen definiert:

A. 1 mikromol/s

B. 1 mikromol/s x Liter Enzymlösung

C. 1 mikromol/min

D. 1 mikromol/mol Enzym

E. 1 mikromol/mol aktives Zentrum

Welche(r) der aufgeführten Fehler führen bei einer photometrischen Absolutmessung zu einem schlechten Ergebnis der Richtigkeitskontrolle, das außerhalb der erlaubten Grenzen liegt?

1) Ein Medikament im Patientenserum, das die Reaktion stört

2) Ein falsch eingestellter Reagenzien-Dosierer

3) Messung bei einer falschen Wellenlänge

4) Eine falsche Zuordnung von Probe und Patient bei der Blutentnahme

5) Verlust beim Auflösen des gefriergetrockneten Kontrollmaterials

Wählen Sie bitte die zutreffende Aussagenkombination.

A. Nur 1 ist richtig

B. Nur 1 und 4 sind richtig

C. Nur 2, 3 und 4 sind richtig

D. Nur 2, 3 und 5 sind richtig

E. Alle Aussagen sind richtig

2.039   2.6   Fragentyp A

Durch Mehrfachbestimmungen einer Probe beeinflußt man folgendes Zuverlässigkeitskriterium eines Analysen-Verfahrens:

A. Die Richtigkeit

B. Die Präzision

C. Die Spezifität

D. Die Nachweisempfindlichkeit

E. Die Störanfälligkeit

2.040	2.6	Fragentyp A

Zuordnungsfehler bei der Abnahme von Blut werden erfaßt
durch

A. Mitführen einer wäßrigen Standardlösung

B. Präzisionskontrolle

C. Richtigkeitskontrolle

D. Mehrfachanalyse der Einzelprobe

E. keines der Verfahren A-D

2.041	2.6	Fragentyp A

Technische Fehler bei der Abnahme von Blut werden erfaßt
durch

A. Mitverarbeiten eines Primärstandards

B. Präzisionskontrolle

C. Richtigkeitskontrolle

D. Mehrfachanalyse der Einzelprobe

E. keines der Verfahren A-D

2.042	2.7	Fragentyp A

Die Unschärfe einer Analysenmethode (Gegenwort: Präzision)
wird angegeben

A. als Mittelwert

B. als Standardabweichung

C. als 3fache Standardabweichung

D. als Variationskoeffizient

E. als Vertrauensbereich

2.043	2.8	Fragentyp C

In der Laboratoriumsmedizin verwendet man zur Qualitätskontrolle das Stichprobenverfahren und nicht das Kontroll-
probenverfahren,

weil

mit dem Stichprobenverfahren umfangreiche Erfahrungen
aus der industriellen Serienproduktion vorliegen.

2.044	2.8	Fragentyp A

Die Einführung der internen und externen statistischen
Qualitätskontrolle erfolgt aufgrund

A. der Eichpflichtausnahme-Verordnung

B. des Qualitätskontrollgesetzes

C. freiwilliger Initiative

D. der Zugehörigkeit zur Ärztekammer

E. der praktischen Notwendigkeit

2.045		
2.046		
2.047	2.8	Fragentyp B

Zu welchem Zweck (Liste 2) werden die in Liste 1 genannten Zuverlässigkeitsprüfungen klinisch-chemischer Kenngrößen durchgeführt?

Liste 1

Liste 2

2.045 Präzisionskon-
      trolle

2.046 Richtigkeits-
      kontrolle

2.047 Ringversuch

A. Erfassung systematischer
   (vermeidbarer) Fehler

B. Überprüfung der Vergleich-
   barkeit

C. Erfassung zufälliger (un-
   vermeidbarer) Fehler

D. Ermittlung der Nachweisgrenze einer Analysen-
   methode

E. Erfassung grober Fehler
   im Labor

2.048 2.8 Fragentyp A

Bei der Qualitätskontrolle benötigt man zur Berechnung des Variationskoeffizienten aus einer Serie von Meßwerten

A. Standardabweichung und Zahl der Meßwerte

B. Standardabweichung und Mittelwert

C. Standardabweichung und Einzelmeßwerte

D. Standardabweichung und Sollwert

E. Standardabweichung und Soll-Meßwertdifferenz

2.049 2.8 Fragentyp A

Zur Erkennung systematischer Fehler im Labor empfiehlt sich folgendes Verfahren:

A. Durchführung von Doppelbestimmungen

B. Durchführung von Präzisionskontrollen

C. Durchführung von Richtigkeitskontrollen

D. Verwendung eines Primärstandards

E. Doppelbestimmung an zwei verschiedenen Analysengeräten

2.050 2.8 Fragentyp A

Bei der Qualitätskontrolle benötigt man zur Auswertung eines Meßergebnisses zur Richtigkeitskontrolle

A. Sollwert und Meßwert

B. Meßwert und 3s-Bereich

C. Sollwert und Variationskoeffizient

D. Meßwert und Variationskoeffizient

E. Standard-Abweichung und Mittelwert

2.051   2.8   Fragentyp A

Was versteht man unter der "Vorperiode"?

A. Die Phase der Überlegungen und der Organisation vor
   Einführung der Qualitätskontrolle

B. Die Phase der Ermittlung eigener erster Kontrollwerte
   zum Anlegen einer Kontrollkarte

C. Die Phase, in der die Qualitätskontrolle noch durch
   Betriebsfremde durchgeführt wird

D. Die vorläufige Teilnahme an Ring-Versuchen ohne An-
   spruch auf ein Zertifikat

E. Die Phase, in der Werte zum eigenen Vorteil noch kor-
   rigiert werden können

2.052   2.8   Fragentyp A

Zum Anlegen einer Präzisionskontrollkarte benötigt man
folgende errechnete Werte:

A. Variationskoeffizient

B. Mittelwert

C. Standardabweichung

D. Mittelwert $\pm$ 2- bzw. 3fache Standardabweichung

E. 2- bzw. 3fache Standardabweichung $\pm$ Mittelwert

2.053
2.054   2.8   Fragentyp B

Nach den Richtlinien der Bundesärztekammer zur Qualitätskontrolle ist eine Mindesthäufigkeit der durchzu-
führenden Kontrollen vorgeschrieben. Ordnen Sie bitte
den Begriffen in Liste 1 die richtige Antwort in
Liste 2 zu.

Liste 1   Liste 2

2.053 Präzisions-   A. In jeder Serie einmal
      kontrolle
                                        B. In jeder Serie zweimal

2.054 Richtigkeits-   C. In jeder 2. Serie einmal
      kontrolle
                                        D. In jeder 3. Serie einmal

                                        E. In jeder 4. Serie einmal

Die Kontrolle der Richtigkeit einer Analysenmethode

A. wird anhand von Kontrollproben mit bekanntem Sollwert durchgeführt

B. wird anhand von Kontrollproben mit nicht-bekanntem
   Sollwert durchgeführt

C. ist im klinisch-chemischen Laboratorium gesetzlich
   nicht vorgeschrieben

D. wird generell dann nicht vorgenommen, wenn Präzisionskontrollen durchgeführt werden

E. muß nur bei manueller Durchführung der Analyse
   erfolgen

Was sollte man bei der Auswahl eines Serums zur Richtigkeitskontrolle beachten?

1) Der Hersteller des Kontrollmaterials sollte auch die
   Reagenzien liefern

2) Das Verfalldatum sollte angegeben sein

3) Eine Garantie des Herstellers, daß das Material nicht
   infektiös ist

4) Die Referenzwerte müssen mit einer vergleichbaren
   Methode ermittelt worden sein

5) Die Referenzanalysen sollten mit demselben Meßgerät
   durchgeführt sein

Wählen Sie bitte die zutreffende Aussagenkombination.

A. Alle Antworten sind richtig

B. Nur 2 und 3 sind richtig

C. Nur 2, 3 und 4 sind richtig

D. Nur 2, 3, 4 und 5 sind richtig

E. Keine Antwort ist richtig

Wann darf ein Analysenverfahren nach den Richtlinien
über eine Präzisionskontrolle angewendet werden?

1) Die Meßwerte müssen innerhalb des 3s-Bereiches liegen

2) Die Meßwerte müssen innerhalb des 2s-Bereiches liegen

3) Die Eichkurve muß linear sein

4) Der Variationskoeffizient muß $\leq$ 5% sein, in Ausnahme-
   fällen $\leq$ 10%

5) Die Wiederfindung einer zugesetzten Substanzmenge
   muß quantitativ sein

Wählen Sie bitte die zutreffende Aussagenkombination.

A. Nur 2 und 4 sind richtig

B. Nur 3 und 5 sind richtig

C. Nur 3 und 4 sind richtig

D. Nur 1 und 4 sind richtig

E. Alle Antworten sind richtig

Wie groß darf nach den Richtlinien der Bundesärztekammer
die maximale Abweichung des Ergebnisses einer Richtigkeitskontrolle vom Sollwert bei Glucose im Plasma sein?

A. Ein Viertel des Normalbereichs

B. 5% des Sollwerts

C. 10% des Sollwerts

D. 20% des Sollwerts

E. Die Festlegung liegt im Ermessen des Laborleiters

3. Beurteilung von Analysenergebnissen

Was sollte man beim Ermitteln eines Normalbereichs (Referenzbereichs) einer klinisch-chemischen Kenngröße möglichst berücksichtigen?

1) Auswahl und Zahl der "Normalpersonen"

2) Standardisierte Probenentnahme (Körperlage, Tageszeit)

3) Ernährung der "Normalpersonen"

4) Auswahl eines angemessenen statistischen Auswertungsverfahrens

5) Prüfung von Unterschieden zwischen Unterkollektiven (Alter, Geschlecht)

Wählen Sie bitte die zutreffende Aussagenkombination.

A. Nur 1 ist richtig

B. Nur 1 und 3 sind richtig

C. Nur 1, 2 und 3 sind richtig

D. Nur 1, 2, 3 und 4 sind richtig

E. Alle Aussagen sind richtig

Bei der Erstellung klinisch-chemischer Normbereiche sollten verschiedene Analysenmethoden für jeweils eine Kenngröße verwendet werden,

weil

es üblich ist, den Normbereich als Schwankungsbreite von mindestens 3 Meßmethoden anzugeben

<u>3.003</u>   <u>3.2</u>   <u>Fragentyp C</u>

Die Beurteilung einer klinisch-chemischen Kenngröße an
der oberen oder unteren Grenze eines Normalbereichs ist
mit einer gewissen Unsicherheit behaftet,

<u>weil</u>

bei der üblichen Definition von Normalbereichen jeweils
2,5% des Normalkollektivs (der Referenz-Population) auch
außerhalb dieser Grenzen liegen.

<u>3.004</u>   <u>3.3</u>   <u>Fragentyp C</u>

Der sogenannte "Normalbereich" bezieht sich auf ein Kollektiv scheinbar Gesunder. Besser wäre es, einen "individuellen Normalbereich" zu haben, der wesentlich schma-
ler ist,

<u>weil</u>

dadurch schon geringeren Veränderungen von Analysenwer-
ten Krankheitswert beigemessen werden könnte und eine
genauere Diagnostik ermöglicht würde.

<u>3.005</u>   <u>3.3</u>   <u>Fragentyp A</u>

Unter dem Begriff der Transversal-Beurteilung versteht
man den Vergleich von

A. Analysenergebnissen mit Normbereichen, die von verschiedenen Probanden erhoben wurden (interindividu-
   elle Streuung)

B. Analysenergebnissen mit Normbereichen, die von einem
   Probanden erhoben wurden (intraindividuelle Streuung)

C. Analysenergebnissen mit Normbereichen in verschiedenen Altersklassen

D. Normbereiche verschiedener Analysenmethoden in einer
   Altersklasse

E. Analysenergebnissen einer Gruppe von normalen Probanden gegenüber einer Gruppe von Patienten

4. Proteine und Nucleinsäuren

Die photometrische Bestimmung der Gesamt-Proteinkonzentration im Serum mit der Biuretmethode beruht auf

A. der Erfassung von Doppelbindungen im Protein

B. der Reduktion von Cu^{2+} zu Cu^{+}

C. der Farbbildung mit aromatischen Aminosäuren

D. der Erfassung von Peptidbindungen im Protein

E. der Farbbildung mit Phenolphthalein im alkalischen Milieu

Das Ergebnis der Totalproteinbestimmung im Serum wird fälschlich erhöht durch

A. einen Anstieg der Kupferkonzentration im Serum

B. eine Verminderung des Hämatokrits

C. eine Erhöhung des mittleren Zellvolumens (MCV)

D. eine Blutentnahme am stehenden Patienten

E. keinen dieser Faktoren

4.003   4.1   Fragentyp D

Welche der aufgeführten Umstände führen zu einer Verfälschung der Bestimmung des Gesamtproteins im Serum
nach der üblichen Biuret-Methode, d.h. ohne Ansetzen
eines Probenleerwertes?

1) Dextran

2) Mannit

3) Hämolyse

4) Sichtbare Trübung

5) Tris-Puffer (Trometamol)

Wählen Sie bitte die zutreffende Aussagenkombination.

A. Nur 1 ist richtig

B. Nur 1, 3 und 4 sind richtig

C. Nur 2 und 3 sind richtig

D. Nur 3 und 4 sind richtig

E. Alle Aussagen sind richtig

4.004   4.2   Fragentyp A

Die Bestimmung der Blutsenkungsgeschwindigkeit (BSG)
wird durchgeführt als

A. Schnellmethode anstelle des kleinen Blutbildes

B. spezifische Suchreaktion auf Lebererkrankungen

C. Schnelltest zur Erkennung eines Ikterus

D. unspezifische Suchreaktion zur Erkennung einer
   Dysproteinämie

E. spezifischer Nachweis von malignen Tumoren

4.005   4.2   Fragentyp A

Die Wanderungsrichtung der Proteine bei der Elektrophorese hängt ab von der

A. Temperatur

B. Ionenstärke des Puffers

C. Größe des Proteinmoleküls

D. Stromstärke

E. Ladung des Proteinmoleküls

4.006   4.2   Fragentyp D

Die Wanderungsgeschwindigkeit der Proteinfraktionen im elektrischen Feld hängt ab von

1) der Ladung der Proteinmoleküle

2) der Größe und Form der Moleküle

3) der Ionenstärke des Puffers

4) der Temperatur

5) der Feldstärke

Wählen Sie bitte die zutreffende Aussagenkombination.

A. Nur 4 ist richtig

B. Nur 3 und 4 sind richtig

C. Nur 1 und 4 sind richtig

D. Nur 2, 3 und 4 sind richtig

E. Alle Aussagen sind richtig

4.007   4.2   Fragentyp A

Welche in der Serum-Elektrophorese getrennten Protein-Fraktionen haben einen extrahepatischen Syntheseort?

A. Präalbumin

B. Albumin

C. Alpha-1-Globulin

D. Alpha-2-Globulin

E. Gamma-Globulin

4.008	4.011		
4.009	4.012		
4.010		4.2	Fragentyp B

Welches Protein (Liste 1) wandert ungefähr in welcher
Elektrophorese-Fraktion (Liste 2)?

Liste 1   Liste 2

4.008 Transferrin   A. Albumin

4.009 IgG   B. Alpha-1-Globulin

4.010 IgM.   C. Alpha-2-Globulin

4.011 IgA   D. Beta-Globulin

4.012 Fibrinogen   E. Gamma-Globulin

4.013	4.2	Fragentyp C

Eine tägliche Überprüfung der Elektrophorese-Fraktionen
der Serumproteine eines Patienten ist sinnlos,

weil

praktisch alle mit dieser Methode erfaßten Serumproteine
Halbwertszeiten von über 10 Tagen haben.

4.014	4.2	Fragentyp D

Ein breitbasiger, vergrößerter Gamma-Globulin-Gradient
des Elektrophorese-Diagramms findet sich bei

1) akuter Gastroenteritis

2) fortgeschrittener Lebercirrhose

3) Makroglobulinämie

4) primär-chronischer Polyarthritis

5) nephrotischem Syndrom

Wählen Sie bitte die zutreffende Aussagenkombination.

A. Nur 1 und 2 sind richtig

B. Nur 2 und 4 sind richtig

C. Nur 2 und 5 sind richtig

D. Nur 3 und 4 sind richtig

E. Nur 4 und 5 sind richtig

4.015   4.2   Fragentyp A

Eine breitbasige Erhöhung der Gamma-Fraktion der Elektrophorese gibt Auskunft über

A. eine Vermehrung homogener, d.h. monoklonaler Immunglobuline

B. eine Vermehrung von Lipoproteinen

C. eine Verminderung heterogener Immunglobuline

D. eine Vermehrung heterogener Immunglobuline

E. eine Verminderung monoklonaler Immunglobuline

4.016   4.2   Fragentyp A

Ein sogenannter M-Gradient in der Elektrophorese weist
hin auf

A. eine Vermehrung heterogener Immunglobuline

B. eine Vermehrung homogener, d.h. monoklonaler Immunglobuline

C. eine Vermehrung von Lipoproteinen

D. eine Verminderung heterogener Immunglobuline

E. eine Verminderung von Albumin

4.017   4.2   Fragentyp D

Typische Laborergebnisse beim nephrotischen Syndrom sind

1) eine niedrige Gesamtprotein-Konzentration im Serum

2) eine Hypalbuminämie

3) eine erhöhte Alpha-2-Globulinfraktion in der Serum-
   proteinelektrophorese

4) eine erhöhte IgM-Konzentration im Serum

5) eine verminderte IgG-Globulinfraktion im Serum

Wählen Sie bitte die zutreffende Aussagenkombination.

A. Nur 1, 2 und 3 sind richtig

B. Nur 1, 3 und 5 sind richtig

C. Nur 2, 3 und 5 sind richtig

D. Nur 1, 2, 3 und 5 sind richtig

E. Alle Aussagen sind richtig

```
4.018   4.021
4.019   4.022
4.020                          4.2                    Fragentyp B
```

Ordnen Sie bitte die in Liste 1 aufgeführten Substanzen
den in Liste 2 genannten Transporteiweißen zu.

Liste 1   Liste 2

4.018 Vitamin A   A. Albumin

4.019 Eisen   B. Retinolbindendes Protein

4.020 Kupfer   C. Transferrin

4.021 Calcium   D. Coeruloplasmin

4.022 Indirektes Bili-   E. Haptoglobin
      rubin

```
4.023                          4.3                    Fragentyp A
```

Unter dem Begriff der Immunelektrophorese versteht man

A. die quantitative immunologische Bestimmung von Immun-
   globulinen

B. die Kombination von Elektrophorese und anschließender
   Immunpräcipitation von Proteinen

C. die Fällung von Serumproteinen mit Hilfe monovalenter
   präcipitierender Antikörper und deren anschließende
   quantitative Bestimmung

D. den Nachweis sogenannter carcinoembryonaler Antigene

E. den immunologischen Nachweis von Rheumafaktoren

```
4.024                          4.3                    Fragentyp D
```

Die Immunelektrophorese wird u.a. für folgende klinische Fragestellungen eingesetzt:

1) Nachweis von Immunkomplexen im Plasma

2) Nachweis monoklonaler Immunglobuline (sog. Paraproteine)

3) Quantitative Bestimmung von Isoenzymen

4) Nachweis von Defekt-Proteinämien

5) Quantitative Bestimmung von individuellen Serumproteinen

Wählen Sie bitte die zutreffende Aussagenkombination.

A. Nur 1 und 2 sind richtig

B. Nur 2 und 3 sind richtig

C. Nur 2 und 4 sind richtig

D. Nur 4 und 5 sind richtig

E. Alle Aussagen sind richtig

4.025   4.3   Fragentyp A

Die Bezeichnung "Paraproteine" wird heute noch häufig verwendet für

A. Proteine mit hoher elektrophoretischer Beweglichkeit

B. Abbauprodukte polyklonaler Immunglobuline

C. abnormale bzw. fehlgebildete Immunglobuline

D. normale, aber in überschießender Menge gebildete monoklonale Immunglobuline

E. Proteine mit paradoxer Kältepräcipitation

4.026   4.3   Fragentyp A

Die menschlichen Immunglobuline werden in die Gruppen
A, D, E, G und M eingeteilt nach folgenden Eigenschaften:

A. Antigendeterminanten der L-Ketten

B. Antigendeterminanten der H-Ketten

C. Molekulargewicht

D. Wanderungsgeschwindigkeit im elektrischen Feld

E. Biologische Funktion, d.h. Art des Antikörpers

4.027   4.3   Fragentyp D

Welche der folgenden Untersuchungen ist bei Verdacht auf
Plasmocytom indiziert?

1) Aspartataminotransferase (Glutamat-Oxalacetat-Transaminase, GOT) im Serum

2) Blutkörperchen-Senkungsreaktion

3) Leukocytenzahl

4) Immunelektrophorese der Plasmaproteine

5) Proteinkonzentration im Harn

Wählen Sie bitte die zutreffende Aussagenkombination.

A. Nur 1 und 3 sind richtig

B. Nur 2 und 4 sind richtig

C. Nur 2, 3 und 4 sind richtig

D. Nur 2, 4 und 5 sind richtig

E. Alle Aussagen sind richtig

4.028   4.3   Fragentyp A

Welches Immunglobulin ist <u>nicht</u> placentagängig?

A. IgA

B. IgD

C. IgE

D. IgG

E. IgM

4.029   4.3   Fragentyp C

Eine Erhöhung von IgG im Nabelschnurblut zeigt eine in-
trauterine Infektion des Feten an,

<u>weil</u>

IgG aus dem mütterlichen Plasma auf das Plasma des Feten
übergeht.

Welche quantitativen Bestimmungen sind spezifisch für
individuelle Proteine?

1) Elektrophorese auf Acetatfolie; Färbung mit Ponceau S;
   Densitometrie

2) Selektive Bindung von Farbstoffen (z.B. Bromkresolgrün); Photometrie

3) Radiale Immundiffison (Mancini)

4) Fällung mit Ammoniumsulfat; Biuret-Reaktion; Photometrie

5) Immunelektrophorese

Wählen Sie bitte die zutreffende Aussagenkombination.

A. Nur 1 und 2 sind richtig

B. Nur 3 ist richtig

C. Nur 4 ist richtig

D. Nur 5 ist richtig

E. Nur 4 und 5 sind richtig

Mit welcher Technik werden die Immunglobuline IgG, IgA
und IgM im Serum quantitativ bestimmt?

A. Diffusion in Agar (Ouchterlony)

B. Überwanderungselektrophorese

C. Radiale Immundiffusion

D. Hämagglutinations-Hemmung

E. Latexagglutination

4.032   4.3   Fragentyp A

Das Bence-Jones-Protein (freie L-Ketten) wird im Harn ausgeschieden, weil

A. es in den Tubuli sezerniert wird

B. es ein Molekulargewicht von weniger als 45000 hat und daher das Glomerulumfilter passieren kann

C. beim Plasmocytom stets die Durchlässigkeit des Glomerulums erhöht ist

D. die Bence-Jones-Protein produzierenden Plasmazellen besonders im Übergangsepithel des Harntraktes vorkommen

E. das Bence-Jones-Protein durch Bindung an Glucuronsäure wasserlöslich ist

4.033   4.3   Fragentyp C

Das Bence-Jones-Protein wird im Harn zuverlässig durch Teststreifen (Methode: Proteinfehler von pH-Indikatoren) nachgewiesen,

weil

der Teststreifen mit allen Proteinen gleich empfindlich reagiert.

4.034   4.3   Fragentyp A

Freie L-Ketten im Urin können spezifisch mit folgender Methode qualitativ erfaßt werden:

A. Teststreifen

B. Immunelektrophorese

C. Fällung mit Ammoniumsulfat

D. Fällung mit Trichloressigsäure

E. Elektrophorese

4.035   4.4.1   Fragentyp D

Welche Vorbereitung der Patienten wird bei der Beurteilung der Konzentration der Harnsäure im Serum verlangt?

1) Kohlenhydratreiche Kost 3 Tage vor der Bestimmung

2) Eiweißreiche Kost (Fleisch) 2 Tage vor der Bestimmung

3) Purinarme Diät in der Vorperiode

4) Verbot von Alkohol 2 Tage vor der Bestimmung

5) Keine Vorbereitung ist notwendig

Wählen Sie bitte die zutreffende Aussagenkombination.

A. Nur 1 ist richtig

B. Nur 1 und 4 sind richtig

C. Nur 2 und 4 sind richtig

D. Nur 3 und 4 sind richtig

E. Nur 5 ist richtig

4.036   4.4.1   Fragentyp D

Welche Vorgänge bei der Einwirkung von Uricase auf Harnsäure werden analytisch verwertet?

1) Sauerstoffverbrauch

2) Extinktions-Abnahme bei 293 nm

3) Bildung von Wasserstoffperoxid

4) Extinktions-Zunahme bei 366 nm

5) Bildung von CO_2

6) Bildung von Allantoin

Wählen Sie bitte die zutreffende Aussagenkombination.

A. Nur 1, 2 und 3 sind richtig

B. Nur 2, 3 und 4 sind richtig

C. Nur 3, 4 und 5 sind richtig

D. Nur 4, 5 und 6 sind richtig

E. Nur 2 ist richtig

4.037   4.4.1   Fragentyp C

Enzymatische Bestimmungsmethoden von Harnsäure im Serum liefern etwas niedrigere Ergebnisse als Reduktionsmethoden,

weil

im Serum auch andere reduzierende Substanzen vorkommen und die Reaktion verfälschen.

4.038   4.4.1   Fragentyp D

Wesentliche Einflußgrößen auf die Konzentration der Harnsäure im Serum sind

1) die Glucose-Konzentration im Plasma
2) die Ernährung
3) die Säure-Basen-Bilanz
4) das Alter und das Geschlecht
5) die körperliche Belastung

Wählen Sie bitte die zutreffende Aussagenkombination.

A. Nur 1 ist richtig
B. Nur 1 und 2 sind richtig
C. Nur 1 und 5 sind richtig
D. Nur 2, 3, 4 und 5 sind richtig
E. Alle Aussagen sind richtig

4.039   4.4.1   Fragentyp D

Welche der aufgeführten Umstände führen zu einer Erhöhung der Harnsäure im Serum?

1) Massive Strahlentherapie

2) Behandlung mit Allopurinol

3) Purinarme Diät

4) Niereninsuffizienz

5) Cytostatische Therapie

Wählen Sie bitte die zutreffende Aussagenkombination.

A. Nur 1 ist richtig

B. Nur 1 und 4 sind richtig

C. Nur 1, 2 und 4 sind richtig

D. Nur 1, 4 und 5 sind richtig

E. Nur 3, 4 und 5 sind richtig

4.040   4.4.1   Fragentyp C

Bei Gicht ist eine deutlich erhöhte Serum-Harnsäurekonzentration nicht immer nachweisbar,

weil

bisweilen nur im akuten Gichtanfall eine Erhöhung der Harnsäure feststellbar ist.

4.041   4.4.1   Fragentyp C

Eine Hyperuricämie ist immer Zeichen einer primären Gicht,

weil

keine anderen Erkrankungen mit Erhöhung der Serumharnsäure einhergehen.

Welche Aussage trifft nicht zu?
Die Verabreichung von Allopurinol bewirkt eine/einen

A. verminderte Ausscheidung von Harnsäure im Harn

B. Anstieg der Harnsäure-Konzentration im Serum

C. erhöhte Ausscheidung von Xanthin im Harn

D. erhöhte Ausscheidung von Hypoxanthin im Harn

E. erhöhte Ausscheidung von Orotsäure im Harn

5. Lipide und Lipoproteine

Welche Untersuchungen werden als zumeist ausreichende
Suchreaktionen auf das Vorliegen einer Hyperlipidämie
empfohlen? Die Bestimmung der/des

1) Gesamt-Lipide im Serum

2) Cholesterins im Serum

3) Phospholipide im Serum

4) Triglyceride im Serum

5) freien Fettsäuren im Serum

Wählen Sie bitte die zutreffende Aussagenkombination.

A. Nur 1 ist richtig

B. Nur 2 und 3 sind richtig

C. Nur 2 ist richtig

D. Nur 2 und 4 sind richtig

E. Nur 5 ist richtig

Vor der Blutabnahme für einen Lipidstatus muß der Patient
mindestens 12 Stunden lang gefastet haben,

weil

andernfalls die Bestimmung des Cholesterins im Serum
kein relevantes Ergebnis ergibt.

5.003   5   Fragentyp A

Welche Zelle bildet Chylomikronen? Die

A. Leberzelle (Hepatocyt)
B. Mucosazelle des Dünndarms
C. Becherzelle des Dickdarms
D. quergestreifte Muskelzelle
E. Fettgewebszelle

5.004   5.1   Fragentyp A

Chylomikronen enthalten hauptsächlich

A. Cholesterin
B. Cholesterinester
C. Triglyceride
D. Phospholipide
E. freie Fettsäuren

5.005   5   Fragentyp A

Die in der Leber synthetisierten Fettsäuren werden zum
größten Teil in die Peripherie transportiert als

A. freie Fettsäuren
B. Cholesterinester
C. Phospholipide
D. Triglyceride
E. Ganglioside

5.006   5.1   Fragentyp A

Serum-Trübungen infolge einer Hyperlipidämie sind bedingt durch

A. eine Erhöhung des Cholesterins
B. eine Erhöhung der Triglyceride
C. eine Erhöhung der freien Fettsäuren
D. eine Erhöhung der Phospholipide
E. eine Erhöhung aller genannten Fraktionen

5.007   5.1   Fragentyp D

Welche Schritte umfaßt eine Analyse der Triglyceride im Serum?

1) Enzymatische Bestimmung der veresterten Fettsäuren

2) Extraktion der Triglyceride

3) Enzymatische Bestimmung des Gesamt-Glycerins

4) Phosphat-Bestimmung

5) Verseifung

Wählen Sie bitte die zutreffende Aussagenkombination.

A. Nur 2 und 3 sind richtig

B. Nur 2 und 4 sind richtig

C. Nur 3 und 5 sind richtig

D. Nur 1, 2 und 5 sind richtig

E. Alle Antworten sind richtig

5.008   5.1   Fragentyp D

Bei welchen der genannten Substrate werden zur enzymatischen Bestimmung Esterasen als Hilfsenzyme benötigt?

1) Harnsäure

2) Cholesterin

3) Triglyceride

4) Lactat

5) Pyruvat

Wählen Sie bitte die zutreffende Aussagenkombination.

A. Alle Aussagen sind richtig

B. Nur 1, 2, 3 und 5 sind richtig

C. Nur 2, 3 und 5 sind richtig

D. Nur 2, 3 und 4 sind richtig

E. Nur 2 und 3 sind richtig

5.009   5.1   Fragentyp A

Welche Aussage über die Berechnung der Triglyceride im Serum aus dem enzymatisch bestimmten Glycerin trifft für klinische Fragestellungen am besten zu?

A. Das freie Glycerin kann bei der Berechnung der Triglyceride vernachlässigt werden

B. Das freie Glycerin ist in allen Alters- und Geschlechtsgruppen nahezu konstant und kann bei der Berechnung als feste Zahl abgezogen werden

C. Das freie Glycerin zeigt beträchtliche individuelle Schwankungen und muß für jede Probe getrennt bestimmt und vom Gesamt-Glycerin abgezogen werden

D. Das freie Gylcerin muß durch Extraktion abgetrennt werden

E. Keine Antwort A bis D trifft zu

5.010   5.2   Fragentyp D

Welche Schritte umfaßt die vollenzymatische Analyse des Gesamt-Cholesterins im Serum?

1) Extraktion der Lipide

2) Verseifung der Esterfraktion

3) Fällung des Cholesterins mit Digitonin

4) Oxidation mit Cholesterinoxidase

5) Bestimmung von Wasserstoffperoxid

Wählen Sie bitte die zutreffende Aussagenkombination.

A. Nur 1, 2 und 4 sind richtig

B. Nur 1, 2, 3 und 4 sind richtig

C. Nur 2, 3 und 4 sind richtig

D. Nur 2, 4 und 5 sind richtig

E. Alle Aussagen sind richtig

5.011   5.3   Fragentyp D

Die Bewertung der Konzentration von Cholesterin im Serum
sollte folgende Einflußfaktoren berücksichtigen:

1) Ernährung

2) Alter

3) Nierenfunktion

4) Körperlicher und/oder psychischer Streß

5) Blutdruck

Wählen Sie bitte die zutreffende Aussagenkombination.

A. Nur 1 ist richtig

B. Nur 1 und 2 sind richtig

C. Nur 2 und 3 sind richtig

D. Nur 2, 4 und 5 sind richtig

E. Nur 3 und 4 sind richtig

5.012   5.3   Fragentyp D

Die Klassifizierung der Hyperlipoproteinämien erfolgt
durch

1) Bestimmen von Cholesterin im Serum

2) Bestimmen von Triglyceriden im Serum

3) Bestimmen von Phosphatiden im Serum

4) Elektrophorese der Lipoproteine

5) Untersuchung in der Ultrazentrifuge

Wählen Sie bitte die zutreffende Aussagenkombination.

A. Nur 1 und 2 sind richtig

B. Nur 1, 2 und 3 sind richtig

C. Nur 4 ist richtig

D. Nur 4 und 5 sind richtig

E. Alle Aussagen sind richtig

5.013   5.3   Fragentyp A

Die Differenzierung verschiedener Lipoproteinfraktionen
des Serums mittels Elektrophorese beruht in erster Linie
auf der

A. Bindung der Lipide an die drei Globulinfraktionen

B. Bindung der Lipide an Albumin und Globuline

C. Bindung der Lipide an spezifische Apolipoproteine des
   Serums

D. unterschiedlichen Ladung von Phosphatiden und Triglyceriden

E. unterschiedlichen Ladung von Fettsäuren und Cholesterin

5.014   5.3   Fragentyp A

Welche Lipidfraktion enthält über 30% Cholesterin?

A. Chylomikronen

B. Beta-Lipoproteine (LDL)

C. Präbeta-Lipoproteine (VLDL)

D. Alpha-Lipoproteine (HDL)

E. Keine Aussage A-D ist richtig

5.015   5.3   Fragentyp A

Erhöhte Konzentrationen von Cholesterin im Serum bei
gleichzeitig normalen Triglyceridwerten deuten hin auf
eine Hyperlipoproteinämie vom Typ

A. I

B. IIa

C. IIb

D. III

E. IV

5.016   5.3   Fragentyp A
____

Eine deutliche Erhöhung von Cholesterin und/oder Triglyceriden im Serum findet sich in der Regel bei folgender Krankheit:

A. Gastroduodenitis mit Malabsorption

B. Schlecht eingestellter Diabetes mellitus

C. Chronischer Harnwegsinfekt

D. Chronische Pankreatitis mit Maldigestion

E. Röntgen-negativen Gallensteinen

5.017   5.3   Fragentyp D
____

Kardiovaskuläre Komplikationen kommen mit großer Häufig-
keit vor bei folgenden Formen von Hyperlipoproteinämie:

1) Typ I

2) Typ IIa

3) Typ III

4) Typ IV

5) Typ V

Wählen Sie bitte die zutreffende Aussagenkombination.

A. Nur 1 und 2 sind richtig

B. Nur 1 und 3 sind richtig

C. Nur 1 und 4 sind richtig

D. Nur 1 und 5 sind richtig

E. Nur 2, 3 und 4 sind richtig

Welche Befundkonstellation im Serum ist bei einem Patienten mit nephrotischem Syndrom typisch?

	Gesamtprotein	Cholesterin	Triglyceride
A.	normal	erhöht	erhöht
B.	normal	normal	erhöht
C.	erniedrigt	normal	normal
D.	erniedrigt	erniedrigt	erhöht
E.	erniedrigt	erhöht	erhöht

6. Kohlenhydrate

Zur enzymatischen Bestimmung von Glucose im Blut werden
verschiedene Enzyme verwendet. Welches Enzym der Liste 1
bildet mit welchem Enzym der Liste 2 eine Reaktions-
kette?

Liste 1   Liste 2

6.001 Hexokinase   A. Glucose-Dehydrogenase

6.002 Mutarotase   B. Glucose-6-phosphat-Dehydro-
                                    genase
6.003 Glucose-Oxidase
                                 C. Peroxidase

                                 D. Pyruvatkinase

                                 E. Lactatdehydrogenase

Zur quantitativen Glucose-Bestimmung werden die nachfolgenden Enzyme (Liste 1) eingesetzt. Welches Reak-
tionsprodukt (Liste 2) entsteht dabei?

Liste 1   Liste 2

6.004 Hexokinase   A. Glucuronsäure

6.005 Glucose-Oxidase   B. NADH

6.006 Glucose-Dehydro-   C. AMP
         genase
                                 D. Wasserstoffperoxid

                                 E. Glucose-6-phosphat

6.007   6.1   Fragentyp A

Welche Methode zur Bestimmung der Blutglucose hat die
höchste Spezifität und die geringste Störanfälligkeit?
Die

A. reductometrische Methode

B. enzymatische Methode mit Glucoseoxidase und Per-
   oxidase

C. photometrische Methode mit o-Toluidin

D. enzymatische Methode mit Teststreifenauswertung

E. enzymatische Methode mit Hexokinase und Glucose-6-
   phosphat-Dehydrogenase

6.008   6.1   Fragentyp A

Bei der enzymatischen Bestimmung der Glucose im Blut
mit der GOD-Methode werden zu niedrige Ergebnisse erhalten in Anwesenheit hoher Konzentrationen von

A. Kreatinin

B. Ascorbinsäure

C. Fructose

D. Harnstoff

E. Galactose

6.009   6.1   Fragentyp A

Welche der folgenden Substanzen bewirkt in hohen Konzentrationen falsch-niedrige Werte der Blutglucose bei
Verwendung der GOD-Perid-Methode?

A. Kreatinin

B. Harnsäure

C. Galactose

D. Harnstoff

E. Fructose

Welche Aussage trifft nicht zu?

A. Der Normalbereich von Glucose im venösen Vollblut
   eines Erwachsenen beträgt ca. 2,8 bis 5,4 mmol/l
   (0,50 - 0,97 g/l)

B. Die Konzentration von Glucose im Capillarblut entspricht ungefähr der Konzentration im arteriellen
   Blut

C. Die arterio-venöse Konzentrations-Differenz beträgt
   beim Gesunden unter Ruhebedingungen ca. 0,6 mmol/l
   (0,1 g/l)

D. Beim oralen Glucose-Belastungstest nimmt die arterio-
   venöse Konzentrationsdifferenz normalerweise ab

E. Beim Neugeborenen ist die Glucose-Konzentration im
   Blut niedriger als beim Erwachsenen

Die Glucose-Konzentration im Plasma ist 2 Stunden nach
einer kohlenhydratreichen Mahlzeit

1) beim Gesunden erniedrigt

2) beim Gesunden erhöht

3) beim Gesunden normal

4) beim Diabetiker erhöht

5) beim Diabetiker erniedrigt

Wählen Sie bitte die zutreffende Aussagenkombination.

A. Nur 1 und 4 sind richtig

B. Nur 1 und 5 sind richtig

C. Nur 2 und 4 sind richtig

D. Nur 2 und 5 sind richtig

E. Nur 3 und 4 sind richtig

Wie hoch muß die Glucose-Konzentration im Harn mindestens sein, um mit einem enzymatischen Teststreifen
nachweisbar zu sein?

A. 0,1 - 1,0 mmol/l = 0,02 - 0,18 g/l

B. 1,1 - 5,5 mmol/l = 0,2 - 0,9 g/l

C. 5,6 - 11,1 mmol/l = 1,0 - 2,0 g/l

D. 11,1 - 28,8 mmol/l = 2,0 - 5,0 g/l

E. 28,8 - 55,5 mmol/l = 5,0 - 10,0 g/l

Welche Substanzen außer Glucose reagieren positiv mit
dem Teststreifen zum enzymatischen Nachweis von Glucose
im Harn?

A. Galaktose

B. Fructose

C. Alle Aldosen

D. Maltose

E. Wasserstoffperoxid

Die im Teststreifen zum Nachweis einer Glucosurie verwendete enzymatische Reaktion wird gestört durch

1) Ascorbinsäure

2) Abbauprodukte von Salicylaten

3) Fructose

4) Proteinurie

5) einen Harn-pH unter 6,5

Wählen Sie bitte die zutreffende Aussagenkombination.

A. Nur 1 ist richtig

B. Nur 1 und 2 sind richtig

C. Nur 2, 3 und 4 sind richtig

D. Nur 3 und 4 sind richtig

E. Alle Aussagen sind richtig

6.015   6.2   Fragentyp A

Bei intakten Nieren fällt der Glucosestreifentest im
Harn positiv aus, wenn die Konzentration der Blutglucose
mindestens welchen Wert hat?

A. 4,5 mmol/l = 0,81 g/l

B. 5,5 mmol/l = 0,99 g/l

C. 6,6 mmol/l = 1,19 g/l

D. 9,0 mmol/l = 1,62 g/l

E. 13,3 mmol/l = 2,40 g/l

6.016   6.2   Fragentyp A

Unter welchen Bedingungen soll bei Diabetes-Suchaktionen
nach einer Glucosurie mittels Teststreifen gefahndet
werden?

A. Morgens nüchtern

B. 1-2 Stunden nach Einnahme einer kohlenhydratreichen
   Mahlzeit

C. Nach 12stündiger Hungerperiode

D. Nach 3tägiger Ernährung mit 250 g Kohlenhydrat pro
   Tag

E. 1-2 Stunden nach Trinken von 1000 ml ungesüßtem Tee

6.017   6.2   Fragentyp A

Beim manifesten Diabetes mellitus wird Glucose im Harn
ausgeschieden, weil

A. die Glucoseresorption in der Niere nachläßt

B. die Gluconeogenese in der Niere gesteigert ist

C. bei erhöhter Blutglucose mehr Glucose glomerulär
   filtriert wird, als in den Tubuli resorbiert werden
   kann

D. die Niere bei Insulinmangel keine Glucose metaboli-
   sieren kann

E. bei erhöhter Blutglucose eine Sekretion in den Tubuli
   stattfindet

6.018   6.3   Fragentyp A

Bei einem Neugeborenen besteht der Verdacht auf eine
Galaktoseintoleranz. Sie ordnen eine Blutentnahme an zur
Bestimmung von Galaktose im Blut.
Wann sollte die Entnahme erfolgen?

A. Unmittelbar nach der Geburt

B. Im nüchternen Zustand

C. Sofort nach der Mahlzeit

D. 2 Stunden nach der Mahlzeit

E. 5 Stunden nach der Mahlzeit

6.019   6.4   Fragentyp A

Welches Stadium des Diabetes mellitus läßt sich mit
einem pathologischen intravenösen Glucosebelastungstest
bei normaler Nüchternblutglucose feststellen?

A. Klinisch manifester Diabetes mellitus

B. Subklinischer Diabetes mellitus

C. Latenter Diabetes mellitus

D. Potentieller Diabetes mellitus

E. Keine der genannten Formen

6.020   6.4   Fragentyp A

Die Vorbereitung des Patienten für eine orale Glucosebelastung erfordert folgende Maßnahmen:

A. Kohlenhydratarme (< 50 g Kohlenhydrate/Tag) Ernährung 3 Tage vorher

B. Kohlenhydratreiche (200-250 g Kohlenhydrate/Tag)
   Ernährung 3 Tage vorher

C. Fettreiche Ernährung 3 Tage vor Versuch

D. Fettarme Ernährung 3 Tage vor Versuch

E. Keine Vorbereitungen sind notwendig

6.021   6.4   Fragentyp A

Der Glucose-Assimilationskoeffizient ist in erster An-
näherung ein Maß für die

A. Resorption von Glucose durch den Darm

B. Speicherung von Glucose durch die Gehirnzellen

C. Verwertung von Glucose durch die Muskelzellen

D. Gluconeogenese aus Aminosäuren

E. Ausschüttung von Insulin unter Einfluß von Tolbutamid

6.022   6.4   Fragentyp A

Bei einem oralen Glucose-Toleranz-Test ergeben sich folgende Ergebnisse:

Nüchtern-Wert = 4,72 mmol/l = 0,85 g/l

60-min-Wert = 11,12 mmol/l = 2,00 g/l

120-min-Wert = 8,90 mmol/l = 1,60 g/l

Wie bewerten Sie die Ergebnisse?

A. Normale Glucose-Toleranz

B. Subklinischer Diabetes mellitus

C. Klinisch manifester Diabetes mellitus

D. Resorptionsstörung der Glucose im Darm

E. Wegen der zu hohen Nüchtern-Glucose ist der Test
nicht verwertbar

6.023   6.4   Fragentyp A

Ein wesentlicher Störfaktor der oralen Glucosebelastung
ist eine

A. kohlenhydratreiche Ernährung 3 Tage vor der Untersuchung

B. Glycogenverarmung der Leber durch Hunger

C. Adipositas

D. chronische Pankreatitis

E. fettreiche Ernährung

<u>6.024   6.4   Fragentyp A</u>

Der intravenöse Tolbutamidtest eignet sich ausschließlich zur

A. Früherkennung des manifesten Diabetes mellitus

B. Prüfung auf die Verträglichkeit von Tolbutamid
   (Sulfonylharnstoff)

C. Funktionsprüfung des exokrinen Pankreas

D. Erkennung eines B-Zelladenoms der Langerhansschen
   Inseln

E. Prüfung der intravenösen Glucosetoleranz

<u>6.025   6.4   Fragentyp A</u>

An welche seltene, aber gefährliche Komplikation muß
man beim Durchführen eines Tolbutamid-Belastungs-Testes
stets denken?

A. Paravenöse Injektion

B. Lungenödem

C. Hyperglykämisches Koma

D. Hypoglykämisches Koma

E. Metabolische Acidose

7. Hormone

Das Prinzip des Radioimmunoassay beruht auf

A. der Markierung der verwendeten Antikörper

B. der Kompetition von markierten und nicht-markierten
   Antigenen um einem spezifischen Antikörper

C. dem Überschuß von nicht-markierten Antikörpern

D. der Markierung des verwendeten Antikörpers mit
   einem spezifischen Enzym

E. der Markierung des verwendeten Antigens mit einem
   Enzym

Enzymimmunoassays bieten im Vergleich zu Radioimmunoassays folgende Vorteile:

1) keine radioaktiven Abfälle

2) deutliche Empfindlichkeitssteigerung

3) billigere Reagentien

4) präzisere Ergebnisse

5) bessere Kontrollierbarkeit

6) größere Lagerungsstabilität der Reagentien

Wählen Sie bitte die zutreffende Aussagenkombination.

A. Nur 1 ist richtig

B. Nur 1 und 2 sind richtig

C. Nur 1 und 6 sind richtig

D. Nur 1, 2, 3 und 6 sind richtig

E. Nur 1, 2, 4 und 5 sind richtig

Methoden zur Stimulierung der Insulinsekretion sind

1) die orale Glucosebelastung

2) die orale Fettbelastung

3) der intravenöse Tolbutamid-Test

4) die Galaktosebelastung

5) der Argininsekretionstest

Wählen Sie bitte die zutreffende Aussagenkombination.

A. Nur 1 und 3 sind richtig

B. Nur 1, 3 und 5 sind richtig

C. Nur 1 und 4 sind richtig

D. Nur 4 und 5 sind richtig

E. Alle Aussagen sind richtig

Welche beiden Verfahren sind zur Erstuntersuchung bei
Verdacht auf Cushing-Syndrom geeignet?

1) Metopirontest

2) ACTH-Test

3) Dexamethason-Kurztest

4) Cortisoltagesprofil

5) TRH-Test

6) 17-Hydroxycorticoide (im Urin)

Wählen Sie bitte die zutreffende Aussagenkombination.

A. Nur 1 und 4 sind richtig

B. Nur 1 und 6 sind richtig

C. Nur 2 und 6 sind richtig

D. Nur 3 und 4 sind richtig

E. Nur 3 und 5 sind richtig

7.005   7   Fragentyp A

Die geeignetste Kenngröße zur Feststellung einer NNR-Unterfunktion bei ambulanten Patienten ist der/die/das

A. ACTH-Kurztest

B. ACTH-Bestimmung

C. Dexamethason-Test

D. Cortisoltagesprofil

E. Metopirontest

7.006   7   Fragentyp C

Der Dexamethasontest führt zu einem Abfall des Plasma-cortisols und der Ausscheidung der 17-Hydroxycorticoide im Harn,

weil

Dexamethason die ACTH-Sekretion stimuliert.

7.007   7   Fragentyp C

Eine längere innere Behandlung mit Glucocorticoiden (Dexamethason, Prednison usw.) führt zu einem Abfall der 17-Oxosteroid-Ausscheidung im Harn,

weil

Glucocorticoide die Sekretion von Testosteron unter-drücken.

7.008   7   Fragentyp D

Welche der aufgeführten Befunde sind charakteristisch
für den primären Aldosteronismus?

1) Hypokaliämie

2) Reninaktivität erhöht

3) Erhöhte Plasmakonzentration des Aldosterons

4) Erhöhung der Catecholamine im Harn

5) Verminderung der 5-Hydroxyindolessigsäure im Harn

Wählen Sie bitte die zutreffende Aussagenkombination.

A. Nur 1 ist richtig

B. Nur 1 und 2 sind richtig

C. Nur 1 und 3 sind richtig

D. Alle Aussagen sind richtig

E. Nur 1, 2 und 5 sind richtig

7.009   7   Fragentyp D

Welche Kombination von Kenngrößen ist bei Verdacht auf
Phaeochromocytom geeignet?
Die Bestimmung von

1) 5-Aminolävulinsäure im Urin

2) Vanillinmandelsäure im Urin

3) Homovanillinsäure im Urin

4) Metanephrinen im Urin

5) 5-Hydroxyindolessigsäure im Urin

Wählen Sie bitte die zutreffende Aussagenkombination.

A. Nur 1 und 2 sind richtig

B. Nur 1 und 5 sind richtig

C. Nur 2 und 3 sind richtig

D. Nur 2 und 4 sind richtig

E. Nur 3 und 4 sind richtig

7.010   7   Fragentyp D
____

Welche Kombination von Kenngrößen ist am besten zur
Suche nach einem Neuroblastom geeignet?
Die Bestimmung von

1) Vanillinmandelsäure im Urin

2) Metanephrinen im Urin

3) Homovanillinsäure im Urin

4) 5-Hydroxyindolessigsäure im Urin

5) Adrenalin im Urin

Wählen Sie bitte die zutreffende Aussagenkombination.

A. Nur 1 und 2 sind richtig

B. Nur 1 und 3 sind richtig

C. Nur 3 und 4 sind richtig

D. Nur 4 ist richtig

E. Nur 4 und 5 sind richtig

7.011   7   Fragentyp C
____

Die Bestimmung der Catecholamine wird meistens im Urin
vorgenommen,

weil

die Konzentrationen von Adrenalin und Noradrenalin im
Plasma extrem niedrig sind.

7.012   7   Fragentyp A
____

Welche Substanz ist ein Abbauprodukt des Adrenalins?

A. Tyrosin

B. Vanillinmandelsäure

C. 5-Hydroxyindolessigsäure

D. Melanin

E. Cortisol

7.013   7   Fragentyp D

Welchen technischen Vorteil bietet die Bestimmung der 4-Hydroxy-3-methoxymandelsäure (VMS) im Harn gegenüber der Bestimmung der Catecholamine?

1) VMS besitzt eine starke Eigenfarbe, die nach Anreicherung direkt gemessen wird

2) Die Bestimmung der VMS wird durch Diätfehler nicht beeinflußt

3) Die molare Konzentration der VMS im Harn liegt wesentlich höher als die der Catecholamine

4) Die VMS ist stabiler als die Catecholamine

5) Die fluorometrische Bestimmung der Catecholamine ist empfindlicher gegen störende Begleitsubstanzen als die photometrische Bestimmung der VMS

Wählen Sie bitte die zutreffende Aussagenkombination.

A. Nur 1 ist richtig

B. Nur 2 ist richtig

C. Nur 2 und 4 sind richtig

D. Nur 3 und 4 sind richtig

E. Nur 3, 4 und 5 sind richtig

7.014   7   Fragentyp A

Die biologische Halbwertszeit von Thyroxin beträgt etwa

A.   1 Tag

B.   3 Tage

C.   8 Tage

D. 14 Tage

E. 28 Tage

7.015   7   Fragentyp C

Die biologische Halbwertszeit von Thyroxin ist kürzer
als die von Trijodthyronin,

weil

Trijodthyronin in der Peripherie in Thyroxin umgewandelt wird.

7.016   7   Fragentyp D

Welche Kombination von Kenngrößen reicht zum Nachweis
einer Hyperthyreose auf?

1) Gesamtthyroxin im Serum

2) Trijodthyronin im Serum

3) T3-Uptake Test im Serum

4) TSH-basal im Serum

5) Cholesterin im Serum

Wählen Sie bitte die zutreffende Aussagenkombination.

A. Nur 1 und 3 sind richtig

B. Nur 1 und 4 sind richtig

C. Nur 2 und 3 sind richtig

D. Nur 2 und 5 sind richtig

E. Nur 4 und 5 sind richtig

7.017   7   Fragentyp A

Zum Nachweis einer manifesten primären Hypothyreose
reichen folgende Kenngrößen aus:

A. T4, T3, T3-Uptake Test

B. T4, TSH basal, T3-Uptake Test

C. T3, TRH-Test, T3-Uptake Test

D. T3, T4, TRH-Test, T3-Uptake Test

E. T4, Pseudo-Cholinesterase und Cholesterin

Bei der Bestimmung von T3 und T4 sind folgende Fehlerquellen zu berücksichtigen:

1) Veränderungen des thyroxinbindenden Proteins durch
   Ovulationshemmer oder Schwangerschaft

2) Kompetitive Besetzung der Bindungsstellen des thyroxinbindenden Proteins durch anabole Steroide oder
   Sulfonamide

3) Erhöhung des thyroxinbindenden Proteins durch Lebererkrankungen

4) Erhöhung des thyroxinbindenden Proteins durch eiweißreiche Kost

5) Heparin-Konzentration der Probe

Wählen Sie bitte die zutreffende Aussagenkombination.

A. Nur 1 ist richtig

B. Nur 1 und 3 sind richtig

C. Nur 1, 2 und 5 sind richtig

D. Alle Aussagen sind richtig

E. Keine Aussage ist richtig

Geben Sie zu den Diagnosen (Liste 1) das dazugehörige
Befundmuster (Liste 2) an.
Als Referenzwerte gelten

Thyroxin (T4)   50 - 130 nMol/l
TSH_O = vor TRH-Gabe   < 0,78 - 5 µU/mol
TSH_{30} = 30 min nach Gabe von 200 µg TRH i.v.
              2,5 - 21,0 µU/ml

Liste 1

7.019 Diffuse Struma mit Hyperthyreose

7.020 Euthyreote, normal große Schilddrüse

7.021 Primäre Hypothyreose

7.022 Sekundäre Hypothyreose

7.023 Blande Struma diffusa, Oestrogenbehandlung

Liste 2

	T4	TSH_0	TSH_{30}	TBI
A.	180	< 0.78	8.0	1.30
B.	< 25	< 0.78	< 0.78	1.30
C.	180	< 0.78	< 0.78	0.68
D.	< 25	20.0	80.0	1.30
E.	< 25	8.0	1.0	0.68

7.024   7   Fragentyp D

Eine erniedrigte Gesamt-T4-Konzentration im Serum kann bedingt sein durch

1) TBG-Mangel

2) Hypothyreose

3) Diphenylhydantoin

4) Jodmangel

5) Autoantikörper gegen T4

Wählen Sie bitte die richtige Aussagenkombination.

A. Nur 1 und 2 sind richtig

B. Nur 1, 2, 3 und 4 sind richtig

C. Nur 1, 2, 3, 4 und 5 sind richtig

D. Nur 1, 2, 4 und 5 sind richtig

E. Nur 2 ist richtig

7.025   7   Fragentyp C

Im Jodmangelgebiet findet man bei Patienten mit Strumen des öfteren kompensatorisch geringgradig erhöhte Trijodthyroninkonzentrationen bei erniedrigter Thyroxinkonzentration,

weil

die Schilddrüse bei Jodmangel bevorzugt Trijodthyronin produziert.

7.026   7   Fragentyp D

Eine erhöhte T4-Konzentration im Serum kann bedingt sein durch

1) Hyperthyreose

2) Ovulationshemmer

3) TBG-Mangel

4) Gravidität

5) Salicylate

Wählen Sie bitte die zutreffende Aussagenkombination.

A. Nur 1 ist richtig

B. Nur 1, 2 und 3 sind richtig

C. Nur 1, 2 und 4 sind richtig

D. Nur 1, 2, 4 und 5 sind richtig

E. Nur 1, 2, 3, 4 und 5 sind richtig

7.027   7   Fragentyp C

Die Bestimmung der 17-Ketosteroide (Oxosteroide) nach Zimmermann aus dem Urin ist im Rahmen einer Erstuntersuchung bei Verdacht auf Hypogonadismus besonders geeignet,

weil

mit dieser Bestimmungsmethode in erster Linie die Abbauprodukte von Testosteron und Dihydrotestosteron erfaßt werden.

7.028   7   Fragentyp A

Der immunologische Schwangerschaftstest beruht auf dem Nachweis von

A. Progesteron im Plasma

B. Oestrogen im Plasma

C. Choriongonadotropin (HCG) im Harn

D. Cortison im Harn

E. follikelstimulierendem Hormon (FSH) im Plasma

7.029   7   Fragentyp C

Der Latexagglutinations-Test zum Nachweis von Choriongonadotropin fällt zu Beginn einer Schwangerschaft früher positiv aus als der Hämagglutinationshemmungs-Test,

weil

der Latexagglutinations-Test in der Regel empfindlicher
ist.

7.030   7   Fragentyp D

Welche Aussagen über den Choriongonadotropin-Nachweis
treffen zu?

1) Der Test wird frühestens positiv am 19. Tag nach der
   Konzeption
2) Falsch positive Ergebnisse kommen im Klimakterium
   vor, wenn man den Harn bei dieser Altersgruppe nicht
   1:1 vorverdünnt
3) Falsch negative Ergebnisse gibt es bei Verunreinigen
   des Testansatzes mit Netzmitteln
4) Ein positiver Test beim Mann kann bei hormonprodu-
   zierenden Tumoren vorkommen (Seminom)
5) Erhöhte Werte findet man auch bei der Blasenmole und
   dem Chorionepitheliom

Wählen Sie bitte die zutreffende Aussagenkombination.

A. Nur 1 und 2 sind richtig

B. Nur 2 und 3 sind richtig

C. Nur 3 und 4 sind richtig

D. Nur 4 und 5 sind richtig

E. Alle Aussagen sind richtig

7.031   7   Fragentyp A

Harne von Frauen in der Menopause (42-50 Jahre) ergeben gelegentlich einen falsch positiven Schwangerschafts-test. Ursache hierfür ist die

A. vermehrte Bildung von Gonadotropin

B. vermehrte Bildung von Choriongonadotropinen

C. verminderte Oestrogenausscheidung

D. Ausscheidung von störenden Proteinen

E. Ausscheidung von Antikörpern

7.032   7   Fragentyp D

Die 5-Hydroxyindolessigsäure-Ausscheidung im Urin ist erhöht

1) beim Mammacarcinom

2) bei Carcinoiden

3) nach Genuß von Nüssen, Bananen und Ananas

4) nach Genuß von Eiweiß und Alkohol

5) bei Colon- und Rectumcarcinomen

Wählen Sie bitte die zutreffende Aussagenkombination.

A. Nur 1 ist richtig

B. Nur 1 und 2 sind richtig

C. Nur 1, 2 und 3 sind richtig

D. Nur 2 und 3 sind richtig

E. Alle Aussagen sind richtig

7.033   7   Fragentyp A

Welches Verfahren ist zur klinisch-chemischen Diagnostik eines Insulinoms <u>nicht</u> geeignet?

A. Hungerversuch

B. verlängerter Glucosetoleranztest

C. Glucagontest

D. Rastinontest

E. Insulinhypoglykämietest

8. Enzyme

8.001   8.1   Fragentyp C

Bei Verwendung von Plasma zur Enzymaktivitätsbestimmung
ist ein besonders sorgfältiges Zentrifugieren erforderlich,

<u>weil</u>

durch die Thrombocytolyse zusätzliche Enzymaktivitäten
freigesetzt werden können.

8.002   8.1   Fragentyp A

Welches Enzym im Serum muß sofort vor der Abtrennung
des Serums vom Blutkuchen durch einen Stabilisator vor
irreversibler Inaktivierung geschützt werden?

A. Alkalische Phosphatase

B. Alaninaminotransferase (Glutamat-Pyruvat-Transaminase, GPT)

C. Aspartataminotransferase (Glutamat-Oxalacetat-Transaminase, GOT)

D. Kreatinkinase (CK)

E. Saure Phosphatase

8.003   8.1   Fragentyp A

Hämolytische Seren sind eine Fehlerquelle bei der
Bestimmung der Hydroxybutyratdehydrogenase (HBDH),
weil

A. die Umsetzung von NAD durch Häm beschleunigt wird

B. das freiwerdende Hämoglobin die Umsetzung von Pyruvat zu Lactat stark beschleunigt

C. das aus den Erythrocyten freiwerdende Proteingemisch
   HBDH enthält

D. das beim Erythrocytenzerfall freiwerdende Eisen die
   HBDH-Aktivität erhöht

E. das Hämoglobin die Eigenextinktion der Probe erhöht

8.004   8.1   Fragentyp A

Um bei Enzymaktivitäts-Bestimmungen die unspezifische
Vorreaktion im Serum ausschalten zu können, startet man
die Haupt-Reaktion

A. mit dem Serum

B. mit dem Indikator-Enzym

C. mit dem Co-Enzym

D. mit dem spezifischen Substrat

E. mit keiner der in A-D genannten Lösungen

8.005   8.1   Fragentyp A

Bei der Bestimmung der Aspartataminotransferase (Glutamat-Oxalacetat-Transaminase, GOT) katalysiert die Malat-
Dehydrogenase (MDH) die Indikatorreaktion. Warum befindet sich noch Lactat-Dehydrogenase (LDH) im Ansatz?

A. LDH ist ein Isoenzym der MDH

B. LDH ist eine Verunreinigung der MDH

C. Ein LDH/MDH-Gemisch ist billiger als reine MDH

D. LDH sorgt für die Bildung von NADH, das die MDH
   verbraucht

E. LDH sorgt für raschen Umsatz von Pyruvat, das ebenfalls NADH verbraucht

8.006   8.1   Fragentyp A

Im Labor wird versehentlich eine Aktivitätsbestimmung der Alaninaminotransferase (Glutamat-Pyruvat-Transaminase, GPT) bei 28° C statt bei 25° C ausgeführt. Dieser Fehler

A. tritt im Ergebnis nicht in Erscheinung

B. bedingt ein um 0,3 - 1% zu hohes Ergebnis

C. verdreifacht das Resultat

D. bewirkt 10 - 30% zu hohe Werte

E. erniedrigt das Ergebnis um die Hälfte

8.007   8.1   Fragentyp C

Es ist unzulässig, eine bei 30° bestimmte Lactat-Dehydrogenase-(LDH-)Aktivität auf 25° umzurechnen,

weil

bei zunehmender Temperatur die Aktivität der LDH-Isoenzyme unterschiedlich zunimmt.

8.008   8.1   Fragentyp D

Die Standardisierung eines Enzym-Tests bezweckt u.a. die Optimierung folgender Größen:

1) Günstiger Materialpreis

2) Optimale Substratkonzentration

3) Messung im pH-Optimum

4) Minimaler Bedienungsaufwand

5) Messung im Absorptionsmaximum der Indikatorsubstanz

Wählen Sie bitte die zutreffende Aussagenkombination.

A. Nur 1 und 4 sind richtig

B. Nur 2 und 3 sind richtig

C. Nur 2 und 5 sind richtig

D. Nur 3 und 4 sind richtig

E. Alle Aussagen sind richtig

8.009	8.1	Fragentyp A

Welche der genannten Bedingungen wird in einem Testansatz zur Enzymaktivitätsbestimmung nicht optimiert,
sondern definiert?

A. pH-Wert

B. Temperatur

C. Coenzymkonzentration

D. Substratkonzentration

E. Konzentration an Aktivatoren

8.010	8.1	Fragentyp A

Bei welchem standardisierten Enzym-Test wird NADP als
Coenzym verwendet?

A. Alpha-Hydroxybutyrat-Dehydrogenase, HBDH

B. Alkalische Phosphatase (AP)

C. Kreatinkinase (CK)

D. Alaninaminotransferase (Glutamat-Pyruvat-Transaminase, GPT)

E. Aspartataminotransferase (Glutamat-Oxalacetat-Transaminase, GOT)

8.011	8.1	Fragentyp A

Bei der photometrischen Bestimmung der Aktivität der
Kreatinkinase (CK) registriert man eine Zunahme der Extinktion bei 340 nm, weil

A. das durch die CK freigesetzte Kreatin eine gelbe
   Farbe hat

B. anorganisches Phosphat freigesetzt wird, welches mit
   Molybdat eine blaue Farbe ergibt

C. eine Wasserstoffübertragung auf das Coenzym NADP
   stattfindet

D. das gebildete Glucose-6-phosphat eine höhere Extinktion hat als die Glucose

E. eine Phosphatgruppe von ATP auf NAD übertragen wird

8.012   8.1   Fragentyp A

Die limitierende Substanz beim gekoppelten optischen
Test zur Enzymaktivitätsbestimmung ist

A. die Aktivität der Hilfsenzyme

B. die Substratkonzentration der Hauptreaktion

C. die Substratkonzentration der Hilfsreaktion

D. die Enzymaktivität in der Hauptreaktion

E. die Konzentration des Coenzyms der Hauptreaktion

8.013   8.1   Fragentyp A

Die Reagenzienkombination: Phosphatpuffer pH 7,4; Alanin,
NADH, Lactat-Dehydrogenase (LDH), 2-Oxoglutarat ist notwendig für die Bestimmung von

A. Kreatinkinase (CK)

B. Aspartataminotransferase (Glutamat-Oxalacetat-Transaminase, GOT)

C. Alaninaminotransferase (Glutamat-Pyruvat-Transaminase,
   GPT)

D. Lactat-Dehydrogenase (LDH)

E. Hydroxybutyratdehydrogenase (Alpha-Hydroxybutyrat-
   Dehydrogenase, HBDH)

8.014   8.1   Fragentyp A

Welche Veränderung im Testansatz wird bei der Bestimmung
der Alaninaminotransferase (Glutamat-Pyruvat-Transaminase, GPT-)Aktivität gemessen?

A. Abnahme der Alanin-Konzentration

B. Zunahme der Glutamat-Konzentration

C. Abnahme der 2-Oxoglutarat-Konzentration

D. Bildung von NADH im gekoppelten optischen Test

E. Verbrauch von NADH im gekoppelten optischen Test

Welche Hilfsreaktion wird zur Bestimmung der Alaninaminotransferase (Glutamat-Pyruvat-Transaminase, GPT) benutzt?

A. Umwandlung von Pyruvat in Lactat mit Hilfe von Lactat-Dehydrogenase

B. Umwandlung von Glucose in Glucose-6-phosphat mit
   Hilfe von Hexokinase

C. Umwandlung von 2-Oxoglutarsäure in Bernsteinsäure

D. Umwandlung von NAD in NADH

E. Umwandlung von NADPH in NADP

Die Bestimmung der Kreatinkinase (CK) erfolgt im gekoppelten optischen Test. Welche der folgenden Hilfsenzyme
werden verwendet?

A. Hexokinase und Lactat-Dehydrogenase

B. Lactat-Dehydrogenase und Pyruvatkinase

C. Hexokinase und Glucoseoxidase

D. Glucose-6-phosphat-Dehydrogenase und Hexokinase

E. Lactat-Dehydrogenase und Glucose-6-phosphat-Dehydro-
   genase

Welches Endprodukt (Liste 2) entsteht bei welcher Enzym-
Bestimmung (Liste 1)?

Liste 1

8.017 Aspartataminotransferase (Glutamat-Oxalacetat-
      Transaminase, GOT)

8.018 Alaninaminotransferase (Glutamat-Pyruvat-Trans-
      aminase, GPT)

8.019 Gamma-Glutamyltransferase (Gamma-Glutamyl-Trans-
      peptidase, Gamma-GT)

8.020 Hydroxybutyratdehydrogenase (Alpha-Hydroxybutyrat-
        Dehydrogenase, HBDH)

8.021 Kreatinkinase (CK)

<u>Liste 2</u>

A. 2-Hydroxybuttersäure

B. Apfelsäure

C. Milchsäure

D. 6-Phospho-gluconsäure

E. p-Nitroanilin

8.022   8.1   Fragentyp A
____

Der Aktivitätsmessung der alkalischen Phosphatase (AP)
im Serum liegt eines der folgenden Reaktionsprinzipien
zugrunde:

A. Spaltung von p-Nitrophenylphosphat und Messung des
   freigesetzten anorganischen Phosphats

B. Gelbfärbung eines pH-Indikators durch Freisetzung
   von OH^--Ionen

C. Gelbfärbung eines pH-Indikators durch Freisetzung
   von H^+-Ionen

D. Spaltung von p-Nitroanilid und Messung der entste-
   henden gelben Farbe

E. Spaltung von p-Nitrophenylphosphat und Messung des
   freigesetzten p-Nitrophenol

8.023   8.1   Fragentyp A
____

Im Serum eines Patienten mit klinisch gesicherter akuter
Virushepatitis wird eine Aktivität der Alaninaminotransferase (Glutamat-Pyruvat-Transaminase, GPT) von 3 U/l
bestimmt. Welcher Verdacht drängt sich auf?

A. Es liegt ein akutes Leberversagen vor

B. Das Ergebnis paßt zum Krankheitsbild

C. Es läuft eine zusätzliche NADH-bildende Reaktion ab

D. Eine extrem hohe Aktivität führte zu vorzeitigem Sub-
   stratverbrauch

E. Im Serum ist ein Inhibitor der GPT vorhanden

8.024   8.1   Fragentyp A

Das Ansaugen des Puffersubstratgemisches zur Amylase-
bestimmung mit dem Mund ist ein grober Fehler, da

A. das CO_2 der Atemluft den Puffer-pH verändert

B. das pipettierte Volumen durch die Feuchtigkeit der
   Atemluft vergrößert wird

C. der Speichel Glucose enthält

D. der Speichel Amylase in hoher Konzentration enthält

E. die Speichelproteine die Amylase-Aktivität hemmen

8.025   8.2   Fragentyp A

Ein Patient leidet an zunehmender Übelkeit und Abgeschla-
genheit. Eine Untersuchung der Serumenzyme ergibt eine
starke Erhöhung der Aktivitäten der Aspartataminotransferase (Glutamat-Oxalacetat-Transaminase, GOT) und der
Alaninaminotransferase (Glutamat-Pyruvat-Transaminase,
GPT). Um welche Krankheit kann es sich handeln?

A. Progressive Muskeldystrophie

B. Akute Hepatitis

C. Cholecystitis

D. Herzinfarkt in der Spätphase

E. Keine der genannten Krankheiten

8.026   8.2   Fragentyp D

Eine Erhöhung der Aktivität der alkalischen Phosphatase
im Serum im Vergleich zu Normalbereichen von Erwachsenen
ist zu erwarten

1) im Kindesalter

2) im Greisenalter

3) bei Rachitis

4) bei Gallengangsverschluß

5) bei Knochenmetastasen

Wählen Sie bitte die zutreffende Aussagenkombination.

A. Alle Aussagen sind richtig

B. Nur 4 ist richtig

C. Nur 1, 2, 3 und 4 sind richtig

D. Nur 1, 3, 4 und 5 sind richtig

E. Nur 3, 4 und 5 sind richtig

8.027   8.2   Fragentyp C

Eine Erhöhung der Aktivität der alkalischen Phosphatase im Serum kann ein Hinweis auf eine Cholestase sein,

weil

dabei vermehrt Phosphat aus der Knochensubstanz freigesetzt wird.

8.028   8.2   Fragentyp D

Eine Verminderung der Serum-Cholinesteraseaktivität tritt auf bei

1) chronischen Lebererkrankungen

2) Schlafmittelvergiftungen

3) chronischen Nierenversagen

4) Vergiftungen mit Insekticiden, wie z.B. E 605

5) genetischen Varianten des Enzyms

Wählen Sie bitte die zutreffende Aussagenkombination.

A. Nur 1, 2 und 3 sind richtig

B. Nur 1, 4 und 5 sind richtig

C. Nur 2, 3 und 4 sind richtig

D. Nur 2, 4 und 5 sind richtig

E. Nur 3, 4 und 5 sind richtig

8.029 8.2 Fragentyp A

Warum fällt die erhöhte Aktivität der Amylase im Serum auch bei schwerer Pankreatitis relativ schnell innerhalb von 2-3 Tagen auf normale Werte ab?

A. Das Enzym wird durch Proteasen inaktiviert

B. Das Enzym wird durch Antikörper inaktiviert

C. Das Enzym wird schnell durch die Niere ausgeschieden

D. Das Enzym dissoziiert in inaktive Untereinheiten

E. Keine Antwort trifft zu

8.030 8.2 Fragentyp A

Bei welcher der folgenden Krankheiten kann eine erhöhte Aktivität der Amylase im Serum auftreten?

A. Akute Hepatitis

B. Pylorusstenose

C. Chronische Niereninsuffizienz

D. Rechtskompensation des Herzens

E. Lebercirrhose

8.031 8.2 Fragentyp A

Welches der angegebenen Enzymmuster entspricht dem der Virushepatitis eine Woche nach Auftreten des Ikterus?

	Alaninamino-transferase (Glutamat-Py-ruvat-Trans-aminase, GPT) (U/l)	Aspartat-aminotrans-ferase (Glut-amat-Oxalace-tat-Transami-nase, GOT) (U/l)	Glutamat-dehydro-genase (GLDH) (U/l)	Gamma-Glut-amyltrans-ferase (Gam-ma-Glutamyl-Transpepti-dase, Gamma-GT) (U/l)
A.	1000	500	21	500
B.	100	300	8	500
C.	250	150	48	150
D.	170	150	30	180
E.	50	70	5	100

Bei der akuten Pankreatitis ist eine Aktivitätserhöhung
der Amylase meßbar

A. ausschließlich im Serum

B. ausschließlich im Harn

C. sowohl im Serum als auch im Harn

D. im Serum nur bei gleichzeitigem Gallengangsverschluß

E. im Harn nur bei gleichzeitiger Nierenschädigung

Welche Voraussetzungen müssen für den Nachweis eines un-
verzerrten Enzymmusters eines Organs durch Bestimmen der
Enzymaktivitäten im Serum erfüllt sein?

1) Der Schaden muß ein Organ allein betreffen

2) Es muß sich um eine schwere, akut aufgetretene Or-
   ganschädigung handeln

3) Die Schädigung muß länger zurückliegen

4) Die Ermittlung des Enzymmusters muß frühzeitig erfolgen

5) Die Halbwertszeiten der Enzyme müssen bekannt sein

Wählen Sie bitte die zutreffende Aussagenkombination.

A. Nur 1 und 2 sind richtig

B. Nur 1, 2 und 4 sind richtig

C. Nur 1, 2, 3 und 4 sind richtig

D. Alle Aussagen sind richtig

E. Nur 2, 4 und 5 sind richtig

8.034   8.4   Fragentyp A

Welches der folgenden Enzyme gehört zur Gruppe der sogenannten "Indikatorenzyme" (Zellenzyme)?

A. Amylase

B. Alkalische Phosphatase (AP)

C. Lactat-Dehydrogenase (LDH)

D. Cholinesterase (ChE)

E. Chymotrypsin

8.035   8.4   Fragentyp A

Welches der folgenden Enzyme gehört zur Gruppe der sogenannten "Plasma-spezifischen Enzyme"?

A. Cholinesterase

B. Amylase

C. Lactat-Dehydrogenase (LDH)

D. Alkalische Phosphatase

E. Chymotrypsin

8.036   8.4   Fragentyp D

Die Aktivität der Kreatinkinase (CK) läßt sich besonders
in folgenden Organen nachweisen:

1) Leber

2) Lunge

3) Herzmuskel

4) Knochen

5) Quergestreifte Muskulatur

Wählen Sie bitte die zutreffende Aussagenkombination.

A. Nur 1 ist richtig

B. Nur 2 und 3 sind richtig

C. Nur 3 und 4 sind richtig

D. Nur 3 und 5 sind richtig

E. Alle Aussagen sind richtig

8.037 8.040
8.038 8.041
8.039   8.4   Fragentyp B

Welche Gewebe des Menschen (Liste 1) enthalten welches
Enzym (Liste 2) in großer Menge?

Liste 1   Liste 2

8.037 Leber   A. Lipase

8.038 Skeletmuskel   B. Alaninaminotransferase
                                    (Glutamat-Pyruvat-Trans-
8.039 Herzmuskel   aminase, GPT)

8.040 Prostata   C. Kreatinkinase (CK)

8.041 Pankreas   D. Uricase

                                 E. Saure Phosphatase

8.042   8.4   Fragentyp D

Welche Organe enthalten eine hohe Amylase-Aktivität?

1) Schilddrüse

2) Parotis

3) Niere

4) Milz

5) Pankreas

Wählen Sie bitte die zutreffende Aussagenkombination.

A. Nur 1 und 2 sind richtig

B. Nur 2 und 3 sind richtig

C. Nur 4 und 5 sind richtig

D. Nur 2 und 4 sind richtig

E. Nur 2 und 5 sind richtig

8.043   8.4   Fragentyp C

Bei chronischer Niereninsuffizienz ist die Aktivität
der Amylase im Serum erhöht,

weil

die Elimination des Enzyms durch die Niere beschleunigt
wird.

8.044   8.4   Fragentyp A

Welche Enzymaktivität im Serum bestimmt man bei Verdacht auf einen akuten Herzinfarkt?

A. Alaninaminotransferase (Glutamat-Pyruvat-Transaminase, GPT) und Glutamat-Dehydrogenase (GLDH)

B. Hydroxybutyratdehydrogenase (Alpha-Hydroxybutyrat-Dehydrogenase, HBDH) und Kreatinkinase (CK)

C. Alkalische Phosphatase und Gamma-Glutamyltransferase (Gamma-Glutamyl-Transpeptidase, Gamma-GT)

D. Saure Gesamt-Phosphatase und Tartrat-hemmbare Phosphatase

E. Amylase und Lipase

8.045   8.4   Fragentyp A

Wieviele Stunden nach Beginn eines Herzinfarkts erreichen die Aktivitäten von Kreatinkinase (CK) und Hydroxybutyrat-dehydrogenase (Alpha-Hydroybutyrat-Dehydrogenase, HBDH) im Serum das Maximum?

A. Nach 4 Stunden

B. Nach 8 Stunden

C. Nach 12 Stunden

D. Nach 36 Stunden

E. Nach 72 Stunden

8.046 8.048
8.047 8.049   8.4   Fragentyp B

Welche Befundkonstellation der 3 Enzymaktivitäten Krea-tinkinase (CK), Aspartataminotransferase (Glutamat-Oxal-acetat-Transaminase, GOT) und Lactat-Dehydrogenase (LDH) im Serum trifft für folgende kardiologische Erkrankungen in der Regel zu?

8.046 Angina pectoris

8.047 Herzinfarkt (1. Tag)

8.048 Herzinfarkt (5. Tag)

8.049 Herzrhythmusstörungen

Wählen Sie bitte die zutreffende Aussagenkombination.

	CK	GOT	LDH
A.	normal	normal	erhöht
B.	erhöht	normal	erhöht
C.	normal	normal	normal
D.	erhöht	erhöht	normal
E.	erhöht	erhöht	erhöht

8.050   8.5   Fragentyp D

Welche analytischen Verfahren werden zur Trennung von Isoenzymen angewandt?

1) Acetatfolien-Elektrophorese

2) Chromatographie an DEAE-Cellulose

3) Agarose-Gel-Elektrophorese

4) Polyacrylamid-Gel-Elektrophorese

5) Immunpräcipitation

Wählen Sie bitte die zutreffende Aussagenkombination.

A. Nur 1, 3, 4 und 5 sind richtig

B. Nur 3, 4 und 5 sind richtig

C. Alle Aussagen sind richtig

D. Nur 2, 3 und 5 sind richtig

E. Nur 1 und 3 sind richtig

8.051   8.5   Fragentyp A

Bei einem Infarktpatienten ist die Aktivität der Gesamt-Kreatinkinase (Gesamt-CK) im Serum mit 250 U/l deutlich erhöht. Diesem Anstieg entspricht folgendes Isoenzymmuster im Serum:

A. MM erhöht, MB erhöht

B. MM normal, MB erhöht

C. MM erhöht, MB normal

D. BB erhöht, MB erhöht

E. BB erhöht, MB normal

9. Blut-Morphologie, Häm-Synthese und -Abbau, Hämatokrit, Hämostaseologie

Eine wesentliche Fehlerquelle hämatologischer Untersuchungen ist die Verwendung von Capillarblut. Denn

1) die Präzision der Probengewinnung ist schlechter als bei venöser Blutabnahme

2) es können bis zu 10% höhere Werte bei den corpusculären Bestandteilen gefunden werden

3) die Konzentrationen corpusculärer Bestandteile liegen bis zu 10% zu niedrig

4) die Formbeurteilung des Erythrocyten ist erschwert

5) die Thrombocyten werden durch Gewebsflüssigkeit geschädigt, so daß eine Zählung unmöglich wird

Wählen Sie bitte die zutreffende Aussagenkombination.

A. Nur 1 und 2 sind richtig

B. Nur 2 und 4 sind richtig

C. Nur 2, 4 und 5 sind richtig

D. Nur 1, 3 und 5 sind richtig

E. Nur 2, 3, 4 und 5 sind richtig

Welche Anticoagulantien sind bei venöser Blutentnahme für hämatologische Zelluntersuchungen als Zusatz geeignet?

1) Kalium- bzw. Natrium-EDTA

2) Natriumcitrat

3) Natriumfluorid

4) Kalium- bzw. Natriumheparinat

5) Natriumoxalat

Wählen Sie bitte die zutreffende Aussagenkombination.

A. Nur 1 und 2 sind richtig

B. Nur 2 und 3 sind richtig

C. Nur 1 und 4 sind richtig

D. Nur 1 ist richtig

E. Alle Aussagen sind richtig

9.003   9.1   Fragentyp A

Welche Wirkung hat Äthylendiammintetraacetat (EDTA) auf
das Gerinnungssystem?

A. Es wirkt als Antithrombin

B. Es fällt Calcium und Magnesium aus

C. Es bindet Calcium komplex

D. Es bindet den Faktor I

E. Keine Antwort A-D trifft zu

9.004   9.2   Fragentyp A

Eine Leukocyten-Zahl von 2000/Mikroliter (= 2 G/l) bezeichnet man als

A. Leukocytose

B. Normalwert

C. Leukopenie

D. Lymphopenie

E. Linksverschiebung

9.005   9.2.1   Fragentyp A

Welches der angegebenen Befund-Muster liegt im Normalbereich für einen 25jährigen Mann?

Hämoglobin (g/l)	Erythrocyten (Millionen/ Mikroliter)	Leukocyten (Zahl/Mikro- liter)
A. 100	4,0	4000
B. 120	4,5	12000
C. 150	5,0	4000
D. 160	5,5	12000
E. 180	6,0	16000

9.006   9.2.2   Fragentyp A

Bei der Thrombocyten-Zählung im panoptischen Blutausstrich findet man normalerweise

A. pro 1000 Erythrocyten 7 -   15 Thrombocyten

B. pro 1000 Erythrocyten 15 -   30 Thrombocyten

C. pro 1000 Erythrocyten 30 -   60 Thrombocyten

D. pro 1000 Erythrocyten 60 - 120 Thrombocyten

E. pro 1000 Erythrocyten 120 - 200 Thrombocyten

9.007   9.3   Fragentyp A

Ein erhöhter Hämatokritwert findet sich sowohl beim symp-
tomatischer Polyglobulie als auch bei der Polycythaemia
vera. Welcher der folgenden Befunde spricht für das Vorhandensein einer Polycythaemia vera?

A. Erhöhung der Erythrocyten über 6 Millionen/Mikroliter

B. Anstieg des Hämoglobins über 180 g/l

C. Vermehrung der Leukocyten

D. Verminderung der Thrombocyten unter 50000/Mikroliter

E. Erhöhung des Blutvolumens

9.008   9.3   Fragentyp A

Bei einem Patienten wurde ein Blutvolumen von 13% des
Körpergewichts und ein Hämatokrit von 35% gefunden.
Dieser Zustand wird bezeichnet als

A. oligocythämische Hypovolämie

B. oligocythämische Normovolämie

C. oligocythämische Hypervolämie

D. normocythämische Hypovolämie

E. normocythämische Hypervolämie

9.009   9.4   Fragentyp A

Welches Hämoglobinderivat ist zur quantitativen Hämoglo-
binbestimmung am besten geeignet?

A. Chlorhämin

B. Sulfhämoglobin

C. Cyanhämoglobin

D. Carbomonoxyhämoglobin

E. Methämoglobin

9.010   9.4   Fragentyp A

Welche Aussage über das Hämoglobin im Vollblut trifft
nicht zu?

A. Erwachsene Männer haben höhere Normalbereiche als
   Frauen

B. Bei Erwachsenen (18-65 Jahre) besteht eine deutliche
   Altersabhängigkeit

C. Mit zunehmender Höhe über dem Meeresspiegel nimmt die
   Hb-Konzentration zu

D. Nach der Geburt ist die Hb-Konzentration zunächst
   höher als bei Erwachsenen

E. Das Erwachsenen-Hämoglobin besteht zu über 95% aus
   HbA_1

9.011	9.4	Fragentyp A

Bei einem 40jährigen Mann wird eine Hämoglobinkonzentration im Blut von 100 g/l festgestellt. Beurteilen Sie das Ergebnis.

A. Normalbefund

B. Hinweis auf eine Anämie

C. Verdacht auf Polyglobulie

D. Zur Beurteilung ist zusätzlich die Bestimmung des Hämatokrits erforderlich

E. Keine der Beurteilungen A-D treffen zu

9.012	9.5	Fragentyp A

Bei Verdacht auf eine intravasale Hämolyse wird folgende klinisch-chemische Untersuchung durchgeführt:

A. Bestimmung des freien Hämoglobins

B. Bilirubinbestimmung im Serum

C. Aktivitätsbestimmung der Aspartataminotransferase (Glutamat-Oxalacetat-Transaminase, GOT) und Alaninaminotransferase (Glutamat-Pyruvat-Transaminase, GPT) im Serum

D. Bestimmung der Serumharnsäure

E. Bestimmung von Calcium im Serum

9.013	9.5	Fragentyp A

Der mittlere Hämoglobin-Gehalt des Einzelerythrocyten (Hb_E-Wert oder MCH) wird errechnet aus

A. dem mittleren Zellvolumen (MCV) und dem Hämatokrit

B. dem mittleren Zellvolumen (MCV) und der Hämoglobin-Konzentration

C. dem Hämatokrit und der Erythrocytenzahl

D. der Hämoglobin-Konzentration und der Erythrocytenzahl

E. der Erythrocytenzahl und dem mittleren Zellvolumen (MCV)

9.014   9.5   Fragentyp A

Bei einem Patienten findet sich ein Hämoglobinwert von
120 g/l; der MCH-Wert beträgt 30 pg. Diesem Wert liegt
zugrunde

A. ein Hämatokritwert von 40%

B. eine Erythrocytenzahl von 4,0 Millionen/l

C. eine Erythrocytenzahl von 4,0 Millionen/Mikroliter

D. ein Hämatokritwert von 30%

E. keine dieser hämatologischen Meßgrößen

9.015   9.5   Fragentyp A

Die mittlere corpusculäre Hämoglobin-Konzentration (MCHC)
berechnet sich aus

A. dem Hämoglobinwert und dem Hämatokrit

B. der Erythrocytenzahl und dem Hämoglobinwert

C. dem Hämatokrit und der Erythrocytenzahl

D. dem Hämoglobinwert und Erythrocytenvolumen (MCV)

E. dem Erythrocytenvolumen und dem Hämatokrit

9.016   9.5   Fragentyp A

Ein Erythrocyt enthält normalerweise

A. 12-16 g Hämoglobin

B. 28-34 pg Hämoglobin

C. 12-16 µg Hämoglobin

D. 28-34 ng Hämoglobin

E. 12-16 pg Hämoglobin

9.017   9.5   Fragentyp A

Der MCH-Wert ist vermindert

A. bei Polycythaemia vera
B. bei akuter Leukämie
C. bei Eisenmangelanämie
D. bei Vitamin-B_{12}-Mangel
E. bei keiner dieser Krankheiten

9.018   9.5   Fragentyp A

Das mittlere corpusculäre Volumen (MCV) der Erythrocyten
berechnet sich aus

A. der Hämoglobinkonzentration und der Erythrocytenzahl
B. der Erythrocytenzahl und dem Blutvolumen
C. dem Blutvolumen und dem Hämatokrit
D. dem Hämatokrit und der Erythrocytenzahl
E. der Hämoglobinkonzentration und dem Hämatokrit

9.019   9.5   Fragentyp D

Das mittlere corpusculäre Volumen (MCV) der Erythrocyten
ist

1) erhöht bei Eisenmangelanämie
2) erhöht bei der Vitamin-B_{12}-Mangelanämie
3) erniedrigt bei der Eisenmangelanämie
4) erniedrigt bei der Vitamin-B_{12}-Mangelanämie
5) nur nach akuten Blutverlusten verändert

Wählen Sie bitte die zutreffende Aussagenkombination.

A. Nur 1 ist richtig
B. Nur 2 ist richtig
C. Nur 1 und 4 sind richtig
D. Nur 2 und 3 sind richtig
E. Nur 5 ist richtig

9.020   9.5   Fragentyp A

Der Begriff MCH (Hb$_E$) ist definiert als

A. das mittlere Zellvolumen eines Erythrocyten
B. der mittlere Durchmesser eines Erythrocyten
C. der mittlere Hämoglobingehalt eines Erythrocyten
D. Formveränderungen von Erythrocyten im Blutausstrich
E. ein pathologisch zusammengesetztes Hämoglobin

9.021   9.5   Fragentyp D

Welche Veränderungen findet man bei einer hypochromen
Anämie im peripheren Blutbild?

1) Die Erythrocytenzahl ist erniedrigt
2) Die mittlere corpusculäre Hämoglobin-Konzentration
   (MCHC) ist vermindert
3) Das MCH ist erhöht
4) Das mittlere corpusculäre Volumen (MCV) ist vermehrt
5) Das MCH ist vermindert

Wählen Sie bitte die zutreffende Aussagenkombination.

A. Nur 1 ist richtig
B. Nur 1, 2 und 5 sind richtig
C. Nur 1, 3 und 4 sind richtig
D. Nur 1, 2, 3 und 4 sind richtig
E. Nur 4 und 5 sind richtig

9.022   9.6.1   Fragentyp C

Blutausstriche zur Zelldifferenzierung sind möglichst
unmittelbar nach der Blutentnahme anzufertigen,

weil

nach längerem Stehen des Blutes Veränderungen an den
Leukocyten auftreten.

9.023   9.6.1   Fragentyp A

Unter einer Linksverschiebung des Blutbildes versteht man

A. eine Zunahme der segmentkernigen Granulocyten

B. eine Zunahme der Lymphocyten

C. eine Zunahme der jugendlichen und stabkernigen Granulocyten

D. eine Zunahme der Monocyten

E. eine Abnahme aller Leukocyten im peripheren Blut

9.024   9.6.1   Fragentyp A

Eine Linksverschiebung im Differentialblutbild ist ein charakteristischer Befund bei einer der folgenden Krankheiten:

A. Akute myeloische Leukämie

B. Chronische myeloische Leukämie

C. Virushepatitis Typ B

D. Eitrige Peritonitis

E. Darminfektion durch Salmonellen

9.025   9.6.1   Fragentyp A

Als toxische Granulation bezeichnet man

A. Erythrocyten mit violetten Granula

B. das vermehrte Auftreten von stabkernigen Granulocyten

C. die verstärkte Anfärbung der rosa-violetten Körnchen im Plasma neutrophiler Leukocyten

D. die Verminderung bzw. das Fehlen von Granulocyten

E. abnorm granulierte Thrombocyten

9.026   9.6.1   Fragentyp A

Durch welche Funktion sind die Plasmazellen des peripheren
Blutes gekennzeichnet?

A. Fähigkeit zur Phagocytose von Bakterien

B. Bildung und Sekretion von Histamin

C. Aufnahme und Abtransport von Antigen-Antikörper-
   Komplexen

D. Bildung und Sekretion von Serotonin

E. Bildung von Antikörpern

9.027   9.6.1   Fragentyp A

Welche Veränderungen im peripheren Blut sind für eine
chronische myeloische Leukämie typisch?

A. Vermehrung von Stabkernigen und Lymphocyten

B. Auftreten von Lymphoblasten und Paramyeloblasten

C. Vermehrung von Myelocyten und Stabkernigen

D. Auftreten von Myelocyten und monocytären Riesenzellen

E. Vermehrung von basophilen Granulocyten und Myelocyten

9.028   9.6.1   Fragentyp A

Welchen Schluß kann man aus folgender Befundkonstellation
ziehen:
Hämoglobin = 102 g/l, Erythrocyten = 3,24 Millionen/Mikro-
liter, Leukocyten = 15200/Mikroliter (Stabkernige Neutrophile = 3%, Segmentkernige = 74%, Lymphocyten = 15%)?

A. Es besteht eine akute Leukämie

B. Es bestehen Hinweise auf eine chronische Leukämie

C. Die Knochenmarksfunktion ist gesteigert; die Ery-
   throcytenausschwemmung ist vermindert

D. Es besteht eine normochrome Anämie bei einem Infekt
   sowie eine Vermehrung der Granulocyten

E. Es besteht ein Pfeiffersches Drüsenfieber

9.029   9.6.1   Fragentyp A

Die Heinzschen Innenkörper der Erythrocyten sind

A. Ribosomen

B. Ferritin

C. denaturiertes Hämoglobin

D. toxische Granulationen

E. keine der in A–D genannten Strukturen

9.030   9.6.1   Fragentyp D

Bei einer perniziösen Anämie findet man im peripheren
Blutbild bzw. im Knochenmark

1) Poikilocyten

2) übersegmentierte neutrophile Granulocyten

3) riesenstabkernige Granulocyten

4) Megalocyten

5) Drepanocyten

Wählen Sie bitte die zutreffende Aussagenkombination.

A. Nur 1, 3 und 5 sind richtig

B. Nur 1, 2, 4 und 5 sind richtig

C. Alle Aussagen sind richtig

D. Nur 1, 2, 3 und 4 sind richtig

E. Nur 1 und 4 sind richtig

9.031   9.6.1   Fragentyp A

Unter dem Begriff der Anisocytose versteht man folgendes:

A. Die Größenverteilung der Erythrocytendurchmesser
   weicht stark nach oben ab

B. Die Größenverteilung der Erythrocytendurchmesser
   weicht stark nach unten ab

C. Die Größenverteilung der Erythrocytendurchmesser
   weicht nach oben und unten stark von der Norm ab

D. In den Erythrocyten lassen sich Kernreste nachweisen

E. In den Erythrocyten finden sich basophile Substanzen

9.032   9.6.1   Fragentyp A

Unter welchen Bedingungen beobachtet man eine Hyperchromasie und Makrocytose der Erythrocyten? Bei

A. Riesenwuchs

B. Aufenthalt in großer Höhe

C. Vitamin B_{12}-Mangel

D. Überdosierung von Vitaminpräparaten

E. Eisenmangel

9.033   9.6.1   Fragentyp A

Normoblasten sind

A. kernhaltige Vorstufen der Erythrocyten, die normalerweise im Blut vorkommen

B. kernhaltige Vorstufen der Erythrocyten, die normalerweise nicht im Blut vorkommen

C. kernlose Vorstufen der Erythrocyten

D. eine Alterungsform der Erythrocyten

E. basophil getüpfelte Normocyten

9.034   9.6.1   Fragentyp A

Der Ausdruck "Poikilocytose" bedeutet

A. ungleiche Form der Leukocyten

B. ungleiche Größe der Leukocyten

C. ungleiche Form der Erythrocyten

D. ungleiche Größe der Erythrocyten

E. ungleiche Anfärbbarkeit der Erythrocyten

9.035	9.6.1	Fragentyp A

Eine Target-Zelle ist ein

A. vacuolisierter Granulocyt

B. Paramyeloblast mit Cytoplasmagranulierung

C. Erythrocyt mit aufgehobener zentraler Delle

D. Erythrocyt mit Hyperchromasie und Makrocytose

E. Erythrocyt mit Heinzschen Innenkörpern

9.036	9.6.2	Fragentyp A

Reticulocyten werden im Blut nachgewiesen

A. ungefärbt im Phasenkontrastmikroskop

B. durch die Färbung mit Türkscher Lösung

C. durch Überschichtung des Ausstriches mit 10%igem
   Alkohol

D. fast nie, sondern nur im Knochenmark mit Spezial-
   färbungen

E. durch Färbung mit Brillant-Kresyl-Violett

9.037	9.3	Fragentyp A

Reticulocyten sind

A. kernhaltige Erythrocyten

B. junge Erythrocyten mit Resten von Ribonucleoproteiden

C. Altersformen der Erythrocyten

D. Bindegewebszellen im Knochenmark

E. Stammzellen der Granulocyten

9.038   9.6.2   Fragentyp A

Welche Beobachtungen im peripheren Blutbild sprechen für
eine ineffektive Erythropoese?

A. Anisocytose und Poikilocytose

B. Reticulocytose

C. Reticulocytopenie

D. Normoblastenvermehrung

E. Basophile Tüpfelung

9.039   9.6.2   Fragentyp A

Der Reticulocytenwert gibt Aufschluß über

A. die Ausschwemmung von Erythrocyten aus dem Knochenmark

B. die Ausschwemmung von Leukocyten aus dem Knochenmark

C. die Bildung von Leukocyten im Knochenmark

D. die Frage, ob es sich um eine hyper- oder hypochrome
   Anämie handelt

E. die Bildung von Thrombocyten im Knochenmark

9.040   9.6.2   Fragentyp A

Bei einem Patienten findet sich eine normochrome Anämie
(Hb 80 g/l, Erythrocytenzahl = 2,5 Millionen/Mikroliter).
Der Reticulocytenwert beträgt 40‰o. Welche Bewertung
leiten Sie aus diesen Ergebnissen ab?

A. Die Ausschwemmung von Erythrocyten aus dem Knochenmark ist vermindert

B. Die Ausschwemmung von Erythrocyten aus dem Knochenmark ist normal

C. Die Ausschwemmung von Erythrocyten aus dem Knochenmark ist gesteigert

D. Aus diesen Werten kann man keinen Schluß auf die
   Erythrocyten-Ausschwemmung aus dem Knochenmark
   ziehen

E. Zur Beurteilung wird zusätzlich die Kenntnis der
   Eisenkonzentration im Serum benötigt

9.041   9.6.2   Fragentyp A

Bei welcher der folgenden Konstellationen liegt ein normaler Reticulocytenwert pro Mikroliter Blut vor?

	Reticulocyten (‰o)	Erythrocyten (Millionen/Mikroliter)
A.	20	5,0
B.	3	5,0
C.	20	3,0
D.	3	3,0
E.	7	2,0

9.042   9.7.1   Fragentyp A3

Welche Aussage über die photometrische Analyse von Eisen
trifft nicht zu?

A. Die Blutentnahme sollte am nüchternen Patienten morgens, d.h. zu einem festen Zeitpunkt erfolgen

B. Das Untersuchungsmaterial muß in besonders gereinigten Gefäßen und Pipetten aufgefangen bzw. bearbeitet
   werden

C. Heparin stört die Analyse nicht

D. Ethylendiamintetraacetat (EDTA) ist als Anticoagulans
   geeignet

E. Dextran stört die Analyse

9.043   9.7.1   Fragentyp C

Zur Eisenbestimmung mit colorimetrischen Methoden ohne
Enteiweißung muß hämolysefreies Serum eingesetzt werden,

weil

Eisen, das aus dem Hämoglobin bei der Aufarbeitung frei
wird, den Wert verfälscht.

9.044	9.7.1	Fragentyp A

Welche Faktoren können die photometrische Eisenbestimmungsmethode stören?

A. Gleichzeitig ansteigende Serum-Kupfer-Werte

B. Kontamination durch Eisenspuren an Blutentnahme- und Laborgeräten

C. Anstieg des Transferrins im Serum (EBK)

D. Anstieg des Hämatokritwertes im Blut

E. Erniedrigung der Hämoglobinkonzentration im Blut

9.045	9.7.1	Fragentyp D

Welche Teilschritte umfaßt eine quantitative Bestimmung von Eisen im Serum?

1) Trennung des Eisens vom Transferrin

2) Reduktion von Fe^{3+} zu Fe^{2+}

3) Oxidation von Fe^{2+} zu Fe^{3+}

4) Komplexbildung mit Bathophenanthrolin

5) Absorptionsphotometrie

6) Emissionsflammenphotometrie

Wählen Sie bitte die zutreffende Aussagenkombination.

A. Nur 1, 2 und 5 sind richtig

B. Nur 1, 2, 4 und 5 sind richtig

C. Nur 3, 4 und 5 sind richtig

D. Nur 2, 4 und 6 sind richtig

E. Nur 6 ist richtig

9.046   9.7.1   Fragentyp D

Welche Ursache kann eine erniedrigte Konzentration von
Eisen im Serum haben?

1) Verminderte Zufuhr von Eisen

2) Verminderte Synthese von Transferrin bei Lebercirrhose

3) Verlust von Transferrin bei Nephrose

4) Gesteigerter Verlust bei chronischen Blutungen

5) Erhöhter Umsatz bei Tumoren und Schwangerschaft

Bitte wählen Sie die zutreffende Aussagenkombination.

A. Nur 1 und 4 sind richtig

B. Nur 2 und 4 sind richtig

C. Nur 3 und 4 sind richtig

D. Nur 2, 4 und 5 sind richtig

E. Alle Aussagen sind richtig

9.047   9.7.1   Fragentyp D

Bei einem 50jährigen Mann wird mehrfach eine Eisenkonzentration im Serum von 7 Mikromol/l (= 400 Mikrogramm/l)
bestimmt. Dieser Befund spricht für das Vorliegen

1) von chronischen Blutverlusten

2) einer hämolytischen Anämie

3) eines malignen Tumors

4) eines chronischen Infekts

5) eines Mangels an Folsäure

Wählen Sie bitte die richtige Aussagenkombination.

A. Nur 1 ist richtig

B. Nur 1, 2 und 3 sind richtig

C. Nur 1, 3 und 5 sind richtig

D. Nur 3 ist richtig

E. Nur 1, 3 und 4 sind richtig

9.048   9.7.1   Fragentyp D

Eine erhöhte Konzentration des Eisens im Serum

1) kann nicht bewertet werden, wenn nicht gewährleistet
   war, daß die Untersuchungsprobe in einem besonders
   gereinigten Gefäß aufgefangen wurde

2) wird bei einer Malabsorption beobachtet

3) gibt einen Hinweis auf eine extreme Eisenspeicherung
   (Hämochromatose)

4) bedarf der Kontrolluntersuchung zum Ausschluß indi-
   vidueller Schwankungen

5) wird bei akuter Hepatitis beobachtet

Wählen Sie bitte die zutreffende Aussagenkombination.

A. Alle Aussagen sind richtig

B. Nur 1, 2, 3 und 4 sind richtig

C. Nur 1, 2, 4 und 5 sind richtig

D. Nur 1, 3, 4 und 5 sind richtig

E. Nur 2, 3, 4 und 5 sind richtig

9.049   9.7.1   Fragentyp A

Eisen wird hauptsächlich resorbiert

A. vom Ileum und oberen Jejunum

B. vom Duodenum und oberen Ileum

C. vom distalen Jejunum

D. vom Colon ascendens

E. vom Colon descendens

9.050   9.7.2   Fragentyp A

Die Differenzierung zwischen Urobilinogen und Porphobilinogen erfolgt durch

A. die Ehrlichsche Aldehydreaktion

B. den Watson-Schwartz-Test

C. die Diazo-Reaktion

D. Elektrophorese

E. Dünnschichtchromatographie des unbehandelten Urins

9.051   9.7.2   Fragentyp A

Welche der genannten Vorstufen des Hämoglobins kann man
durch Rotfluorescenz nachweisen?

A. Häm

B. Porphyrine

C. Porphobilinogen

D. Delta-Aminolävulinsäure

E. Succinyl-CoA

9.052   9.7.2   Fragentyp D

Welche Untersuchungen sind bei Verdacht auf Porphyrie
indiziert?

1) Delta-Aminolävulinsäure im Harn

2) Porphobilinogen im Harn

3) Gesamt-Prophyrine im Harn

4) Freies Hämoglobin im Plasma

5) Blut im Stuhl

Wählen Sie bitte die zutreffende Aussagenkombination.

A. Nur 1 ist richtig

B. Nur 2 und 3 sind richtig

C. Nur 1, 2 und 3 sind richtig

D. Nur 1, 3 und 4 sind richtig

E. Nur 3 und 5 sind richtig

9.053   **9.7.2**   **Fragentyp A**

Welches Erythrocytenenzym ist bei einer Bleivergiftung
in seiner Aktivität vermindert?

A. Delta-Aminolävulinsäure-Dehydratase

B. Glucose-6-phosphat-Dehydrogenase

C. Uroporphyrinogen-Decarboxylase

D. Uroporphyrinogen-Cosynthetase

E. Glycerokinase

9.054   9.056
9.055   **9.7.2**   **Fragentyp B**

Welche Befundkombination im Harn (Liste 2) trifft für
die Erkrankungen der Liste 1 zu?

Liste 1

9.054 Bleivergiftung

9.055 Akute intermittierende Porphyrie

9.056 Porphyria cutanea tarda

Liste 2

	Delta-Amino-lävulinsäure im Harn	Prophobili-nogen im Harn	Uropor-phyrin	Gesamt-porphy-rine	Kopro-porphy-rin
A.	normal	normal	erhöht		erhöht
B.	normal	normal		normal	
C.	erhöht	normal oder erhöht	normal		erhöht
D.	erhöht	normal		normal	
E.	erhöht oder normal	erhöht		normal oder erhöht	

9.057	9.7.3	Fragentyp A

Der beim Bilirubinnachweis entstehende Farbstoff ist
ein

A. Oxidationsprodukt

B. Reduktionsprodukt

C. Chinonfarbstoff

D. Azofarbstoff

E. Komplexsalz

9.058	9.7.3	Fragentyp D

"Direkt" reagierendes Bilirubin wird in mit Teststreifen
nachweisbaren Mengen im Harn ausgeschieden

1) normalerweise

2) bei hämolytischen Krisen

3) bei Verschlußikterus

4) bei intrahepatischem Ikterus

5) bei mangelhafter Glucuronsäureproduktion

Wählen Sie bitte die zutreffende Aussagenkombination.

A. Nur 1 und 2 sind richtig

B. Nur 2 und 3 sind richtig

C. Nur 3 und 4 sind richtig

D. Nur 1, 2, 3 und 4 sind richtig

E. Nur 2 und 5 sind richtig

9.059	9.7.3	Fragentyp A

Die Bestimmung des Gesamt-Bilirubins im Serum hat prak-
tische, klinische Bedeutung

A. zur Differenzierung des Ikterus

B. als empfindliche Funktionsprüfung der Leber

C. bei der Erkennung der Transfusionshepatitis

D. bei der Erkennung der akuten, intermittierenden Porphyrie

E. zur Verlaufskontrolle der Neugeborenen-Erythroblastose

9.060   9.7.3   Fragentyp C

Im Plasma von Neugeborenen kann Bilirubin <u>nicht</u> direkt
bestimmt werden,

<u>weil</u>

normalerweise das Plasma von Neugeborenen hämolytisch
ist.

9.061   9.7.3   Fragentyp C

Der indirekte Bilirubinspiegel im Serum bei Neugeborenen
ist erhöht,

<u>weil</u>

die Aktivität der mikrosomalen Glucuronyltransferase
noch nicht voll ausgebildet ist.

9.062   9.7.3   Fragentyp C

Proben, die zur Bilirubinbestimmung herangezogen werden,
müssen dunkel aufbewahrt werden,

<u>weil</u>

durch die Lichteinwirkung eine Erhöhung der Bilirubinkonzentration herbeigeführt wird.

9.063   9.7.3   Fragentyp A3

Welcher Befund gehört <u>nicht</u> zum typischen Bild eines
hämolytischen Ikterus?

A. Alkalische Phosphatase im Plasma normal

B. Urobilinogen im Harn erhöht

C. Alaninaminotransferase (Glutamat-Pyruvat-Transaminase, GPT) im Plasma erhöht

D. Indirektes Bilirubin im Plasma erhöht

E. Bilirubin im Harn negativ

9.064 9.7.3 Fragentyp A

Die Glucuronidierung des Bilirubins findet statt

A. im Cytoplasma
B. in den Mitochondrien
C. im glatten endoplasmatischen Reticulum
D. im granulären endoplasmatischen Reticulum
E. in den Canaliculi

9.065 9.7.3 Fragentyp A3

Welcher Befund gehört nicht zum typischen Bild eines Parenchymikterus?

A. Nur indirektes Bilirubin im Serum erhöht
B. Gesamt-Bilirubin im Serum erhöht
C. Alaninaminotransferase (Glutamat-Pyruvat-Transaminase, GPT) im Serum erhöht
D. Aspartataminotransferase (Glutamat-Oxalacetat-Transaminase, GOT) im Serum erhöht
E. Bilirubin im Harn erhöht

9.066 9.7.3 Fragentyp A

Welcher Befund gehört nicht zum typischen Bild eines Verschlußikterus?

A. Gesamt-Bilirubin im Harn mit Teststreifen nachweisbar
B. Lipoprotein X im Serum vermehrt
C. Alkalische Phosphatase im Serum erhöht
D. Urobilinogen im Harn vermehrt
E. Alaninaminotransferase im Serum mäßig erhöht

9.067   9.7.3   Fragentyp C

Eine fehlende Ausscheidung von Urobilinogen im Harn hat
keinen diagnostischen Wert,

weil

die üblichen Nachweismethoden zu unempfindlich sind.

9.068   9.8.1   Fragentyp A

Für quantitative Gerinnungsanalysen (Quick, partielle
Thromboplastinzeit, Faktor II) eignet sich nur folgendes Untersuchungsmaterial

A. Heparinblut

B. Frisches Citratplasma

C. Serum

D. Serum nach Zusatz von Fibrinogen

E. Vollblut ohne Zusätze

9.069   9.8.1   Fragentyp D

Wesentliche Fehlerquellen bei gerinnungsphysiologischen
Untersuchungen sind

1) falsche Meßtemperatur

2) falsches Mischungsverhältnis Citrat/Blut

3) langes Stehenlassen des Plasmas vor der Bestimmung

4) die Durchführung der Analysen in Einmalartikeln

5) das Pipettieren mit Hilfe von Glaspipetten

Wählen Sie bitte die zutreffende Aussagenkombination.

A. Nur 1 ist richtig

B. Nur 1 und 2 sind richtig

C. Nur 1, 2 und 3 sind richtig

D. Nur 3, 4 und 5 sind richtig

E. Alle Aussagen sind richtig

9.070   9.8.2   Fragentyp A

Wann ist eine Bestimmung der Blutungszeit sinnvoll?

A. Bei Verdacht auf eine gestörte Funktion der Gefäßwand

B. Bei Verdacht auf eine Überdosierung von Dicumarol
   (Marcumar)

C. Bei Heparin-Behandlung

D. Bei Verdacht auf eine gestörte Thrombocytenfunktion

E. Bei Mangel von Faktor IX

9.071   9.8.2   Fragentyp A

Bei der Bestimmung der Thromboplastinzeit (Quick-Test)
handelt es sich um

A. eine Bestimmung des Prothrombinaktivators

B. eine isolierte Bestimmung von Prothrombin (Faktor II)

C. einen Test zur Beurteilung der Thrombocytenfunktion

D. einen Gruppentest zur Erfassung von Faktor II, V,
   VII und X

E. einen Test zur Bestimmung der Dicumarol-Konzentration
   nach Gabe von Anticoagulantien

9.072   9.8.2   Fragentyp A

Ein pathologischer Quick-Test, d.h. eine verlängerte
Thromboplastinzeit, kann u.a. folgende Ursachen haben

1) Verminderung von Faktor II
2) Verminderung von Faktor V
3) Verminderung von Faktor VII
4) Verminderung von Faktor VIII
5) Verminderung von Faktor X

Wählen Sie bitte die zutreffende Aussagenkombination.

A. Nur 1 und 2 sind richtig

B. Nur 1, 2 und 3 sind richtig

C. Nur 1, 2, 3 und 4 sind richtig

D. Nur 1, 2, 3 und 5 sind richtig

E. Alle Aussagen sind richtig

9.073   9.8.2   Fragentyp A

Spontanblutungen und Mikrohämaturie sind bei Quick-Werten
unterhalb welcher Grenze zu befürchten?

A. 10 Norm%

B. 20 Norm%

C. 30 Norm%

D. 40 Norm%

E. 60 Norm%

9.074   9.8.2   Fragentyp A

Sie finden einen pathologischen Quick-Test, eine normale
Thrombinzeit und eine normale partielle Thromboplastinzeit (PTT). Es handelt sich hierbei um einen Mangel von

A. Faktor X

B. Faktor II

C. Faktor VII

D. Faktor I

E. Faktor V

9.075   9.8.2   Fragentyp D

Die partielle Thromboplastinzeit (PTT) wird von der Aktivität folgender Gerinnungsfaktoren beeinflußt

1) Faktor I und II, Antithrombin III

2) Faktor V und X

3) Faktor VIII, IX, XI und XII

4) Faktor VII

5) Plasmin

Wählen Sie bitte die zutreffende Aussagenkombination.

A. Nur 1, 2 und 3 sind richtig

B. Nur 1 und 4 sind richtig

C. Nur 1, 4 und 5 sind richtig

D. Nur 2 und 3 sind richtig

E. Nur 3 ist richtig

9.076   9.8.2   Fragentyp A

Welcher aufgeführte Faktor hat auf die Bestimmung der partiellen Thromboplastinzeit (PTT) keinen Einfluß?

A. Faktor V

B. Faktor VIII

C. Faktor X

D. Plättchenfaktor 3

E. Fibrinogen

9.077   9.8.2   Fragentyp C

Eine verminderte Konzentration des Gerinnungsfaktors XIII wird durch eine verlängerte partielle Thromboplastinzeit (PTT) angezeigt,

weil

der Faktor XIII das ausgefällte Fibrin durch kovalente Querverbindungen stabilisiert.

9.078   9.8.2   Fragentyp D

Eine verlängerte Thrombinzeit findet man bei

1) Hypofibrinogenämie
2) Heparintherapie
3) vermehrten Fibrinogenspaltprodukten
4) Myelom-Patienten
5) Streptokinase-Therapie

Wählen Sie bitte die zutreffende Aussagenkombination.

A. Nur 1 ist richtig
B. Nur 2 und 3 sind richtig
C. Alle Aussagen sind richtig
D. Nur 3, 4 und 5 sind richtig
E. Nur 2, 3, 4 und 5 sind richtig

9.079   9.8.2   Fragentyp A

Von welchem der folgenden Faktoren wird das Resultat der Thrombinzeitbestimmung beeinflußt?

A. Plättchenfaktor 3
B. Antihämophiles Globulin (Faktor VIII)
C. Convertin (Faktor VII)
D. Prothrombin (Faktor II)
E. Antithrombin III

9.080   9.8.2   Fragentyp D

Die Reptilasezeit wird von folgenden Kenngrößen beeinflußt:

1) Konzentration von Fibrin(ogen)-Bruchstücken

2) Konzentration des Faktors I

3) Gehalt an Thrombocyten

4) Konzentration von Heparin im Plasma

5) Konzentration der Faktoren II, V und X

Wählen Sie bitte die zutreffende Aussagenkombination.

A. Nur 1 und 2 sind richtig

B. Nur 1 und 4 sind richtig

C. Nur 2 und 5 sind richtig

D. Nur 3 und 4 sind richtig

E. Alle Angaben sind falsch

9.081   9.8.2   Fragentyp A

Für die Kontrolle einer Anticoagulantientherapie mit
Dicumarolen (Marcumar z.B.) ist folgende Analyse geeignet:

A. Der Quick-Test

B. Die Thrombinzeit

C. Die Fibrinogen-Bestimmung im Plasma

D. Die Calcium-Bestimmung im Plasma

E. Die Bestimmung der Euglobulinlyse

9.082   9.8.2   Fragentyp A

Welchen Einfluß hat Heparin auf das Gerinnungssystem?

A. Es wirkt als Antithrombin

B. Es fällt Calcium aus

C. Es bindet Calcium komplex

D. Es hemmt die Bildung von Faktor II

E. Es bindet Faktor I

9.083   9.8.2   Fragentyp A

Ein Zusatz von Heparin im Plasma ist zu vermuten bei
folgender Kombination von Ergebnissen:

Quick-Wert	Partielle Thrombo-plastinzeit (PTT)	Thrombinzeit
A. erniedrigt	verlängert	normal
B. normal	normal	verlängert
C. erniedrigt	verlängert	verlängert
D. normal	verlängert	verlängert
E. erniedrigt	normal	verlängert

9.084   9.8.2   Fragentyp A

Die Thrombinzeit ist ein Maß für

A. Thrombopenien

B. Faktor II-Mangel

C. Faktor VII-Mangel

D. Heparintherapie

E. Dicumaroltherapie

9.085   9.8.2   Fragentyp D

Zur Fibrinogen-Bestimmung werden folgende Methoden eingesetzt:

1) Hitzefällung

2) Proteinbestimmung des Gerinnsels

3) Messung der thrombininduzierten Fibrinbildung

4) Elektroimmundiffusion (Laurell)

5) Optischer Test

Wählen Sie bitte die zutreffende Aussagenkombination.

A. Nur 1 und 2 sind richtig

B. Nur 2, 3, 4 und 5 sind richtig

C. Nur 1, 2, 3 und 4 sind richtig

D. Nur 1, 2 und 3 sind richtig

E. Nur 1, 3 und 4 sind richtig

9.086	9.8.2	Fragentyp A

Bei der Hämophilie A handelt es sich um

A. einen erblich bedingten Mangel an Faktor VII

B. eine durch Mangel an Vitamin K hervorgerufene Erkrankung

C. eine hämorrhagische Diathese aufgrund einer Lebererkrankung

D. einen erblich bedingten Mangel an Faktor X

E. einen erblich bedingten Mangel an Faktor VIII

9.087	9.8.2	Fragentyp A

Welche der nachstehend genannten Kenngrößen gibt einen
Hinweis auf das Vorliegen einer Hämophilie?

A. Die Thromboplastinzeit (Quick-Wert)

B. Die partielle Thromboplastinzeit (PTT)

C. Die Thrombinzeit

D. Die Fibrinogen-Konzentration

E. Die Thrombocyten-Zahl

9.088	9.8.2	Fragentyp D

Bei einem Hämophilen (Hämophilie A) fallen folgende Gerinnungsanalysen pathologisch aus:

1) Die Thromboplastinzeit (Quick-Test)

2) Die partielle Thromboplastinzeit (PTT)

3) Die Thrombinzeit

4) Das Thrombelastogramm (TEG, r-Zeit)

5) Die Faktor VIII-Bestimmung

Wählen Sie bitte die zutreffende Aussagenkombination.

A. Nur 1, 2 und 3 sind richtig

B. Nur 1, 4 und 5 sind richtig

C. Nur 2, 3 und 4 sind richtig

D. Nur 2, 4 und 5 sind richtig

E. Nur 3, 4 und 5 sind richtig

9.089   9.8.2   Fragentyp A

Ein Faktor IX-Mangel verursacht folgende Ergebnisse:

A. Normale Thrombinzeit, erniedrigter Quick-Wert

B. Verlängerte partielle Thromboplastinzeit (PTT), erniedrigter Quick-Wert

C. Verlängerte PTT, verlängerte Thrombinzeit

D. Verlängerte PTT, verkürzte Thrombinzeit

E. Verlängerte PTT, normaler Quick-Wert

9.090   9.8.2/10.5   Fragentyp D

Welche Gerinnungsfaktoren bieten einen Anhalt für die
Synthese-Leistung der Leber?

1) Faktor II

2) Faktor V

3) Faktor VII

4) Faktor VIII

5) Faktor X

Wählen Sie bitte die zutreffende Aussagenkombination.

A. Nur 1, 2 und 4 sind richtig

B. Nur 1, 2, 3 und 4 sind richtig

C. Nur 1, 2, 3 und 5 sind richtig

D. Nur 2, 3, 4 und 5 sind richtig

E. Alle Aussagen sind richtig

9.091   9.8.2   Fragentyp A

Ein Mangel an Prothrombin (Faktor II) infolge Synthese-
störungen in der Leber beeinflußt welche der folgenden
Gerinnungsuntersuchungen nicht?

A. Thromboplastinzeit (Quick-Test)

B. Partielle Thromboplastinzeit (PTT)

C. Thrombinzeit (TZ)

D. Thrombelastogramm

E. Vollblutgerinnungszeit

9.092   9.8.2   Fragentyp C
____

Bei einem Verschlußikterus kann es zu einem Absinken des
Gerinnungsfaktors II im Plasma kommen,

weil

das nicht-ausgeschiedene Bilirubin die Synthese hemmt.

9.093   9.8.2   Fragentyp A
____

Welcher Zustand wird nicht durch die Globalteste Quick-
Test und partielle Thromboplastinzeit (PTT) erfaßt?

A. Faktor II-Mangel unter 20 Norm%

B. Faktor V-Mangel unter 40 Norm%

C. Thrombocytopenien unter 20 000/Mikroliter

D. Fibrinogen unter 0,5 g/l

E. Faktor IX-Mangel (Hämophilie B) unter 30 Norm%

9.094   9.8.2   Fragentyp D
____

Akute Blutungsgefahr besteht unter folgenden Bedingungen:

1) Bei einem Plasmafibrinogengehalt unter 0,5 g/l
2) Bei einer Thrombocytenzahl von weniger als 20000/Mi-
   kroliter
3) Bei einem Quick-Wert von 50 Norm%
4) Bei einer Faktor VIII-Konzentration von 2 Norm%
5) Bei einer Faktor XII-Konzentration von 10 Norm%

Wählen Sie bitte die zutreffende Aussagenkombination.

A. Nur 1, 2 und 3 sind richtig
B. Nur 1, 2 und 4 sind richtig
C. Nur 1, 2 und 5 sind richtig
D. Nur 2, 3 und 4 sind richtig
E. Nur 3, 4 und 5 sind richtig

9.095   9.8   Fragentyp A

Welche Kombination von Ergebnissen findet man in der
Regel bei einer disseminierten intravasalen Coagulation
(Verbrauchscoagulopathie)?

	Quick-Wert (Thromboplastinzeit)	Partielle Thromboplastinzeit (PTT)	Thrombocytenzahl
A.	erniedrigt	normal	erhöht
B.	erniedrigt	verlängert	normal
C.	normal	verlängert	normal
D.	erniedrigt	verlängert	erniedrigt
E.	normal	verlängert	erhöht

9.096   9.9   Fragentyp A

Ein massiver Thrombocytenabfall nach einer ausgedehnten
Verbrennung spricht für das Vorliegen einer

A. Hämophilie A (erblich bedingter Mangel an Faktor VIII)

B. Thrombose

C. Hyperfibrinolyse

D. Verbrauchscoagulopathie

E. Autoimmunerkrankung (Thrombocyten-Antikörper)

9.097   9.9   Fragentyp D

Plasmin bewirkt

1) den Abbau von Faktor V
2) die Retraktion des Blutgerinnsels
3) eine Spaltung von Fibrinogen in Fibrinogen-Spalt-
   produkten
4) eine Hemmung der Thrombinbildung
5) die Aktivierung von Faktor XIII

Wählen Sie bitte die zutreffende Aussagenkombination.

A. Nur 1 und 2 sind richtig
B. Nur 1 und 3 sind richtig
C. Nur 1 und 4 sind richtig
D. Nur 1 und 5 sind richtig
E. Nur 2 und 5 sind richtig

9.098   9.9   Fragentyp A

Fibrinspaltprodukte hemmen

A. die Aktivität des Thromboplastins
B. die Bildung von Thrombin aus Prothrombin
C. die Synthese von Prothrombin
D. die Synthese von Fibrinogen
E. die Vernetzung von Fibrin

9.099 9.102
9.100 9.103
9.101   9.9   Fragentyp B
____

Welcher Befund (Liste 1) gehört zu welcher Diagnose
(Liste 2)?

Liste 1

	Thrombocyten-zahl	Quick-Wert	Partielle Thrombo-plastinzeit (PTT)
9.099	normal	vermindert	verlängert
9.100	normal	vermindert	normal bis verlängert
9.101	normal	vermindert	verlängert
9.102	normal	vermindert	verlängert
9.103	vermindert	vermindert	verlängert

	Fibrinogen	Thrombin-zeit	Fibrinogenspalt-produkte
9.099	normal	verlängert	normal
9.100	normal	normal	normal
9.101	vermindert	verlängert	erhöht
9.102	vermindert	verlängert	normal
9.103	vermindert	normal bis verlängert	normal

Liste 2

A. Primäre Hyperfibrinolyse

B. Verbrauchscoagulopathie (disseminierte intravasale
   Coagulopathie)

C. Marcumar-Therapie

D. Fibronogen-Mangel

E. Heparin-Therapie

10. Gastrointestinaltrakt

10.001	10.1	Fragentyp A

Worin liegt die größte Fehlerquelle bei der praktischen
Durchführung der Sekretionsanalyse des Magens?

A. Unvollständige Saftgewinnung bei schlechter Sonden-
   lage

B. Unterschiedlich starke Stimulation der Belegzellen

C. Fehlerhafte Pipettierung bei der Titration

D. Unscharfer Umschlagspunkt des Indikators

E. Titerveränderung der Natronlauge in der Bürette

10.002	10.1	Fragentyp A

Welche der genannten Substanzen bewirkt die schonendste,
maximale Magensaftstimulation?

A. Histamin

B. Betazol

C. Coffein

D. Pentagastrin

E. Insulin

10.003	10.1	Fragentyp A

Die bei der Sekretionsanalyse des Magens infolge maximaler Stimulation erzielte Säureproduktion ist ein Maß für
die

A. Funktionstüchtigkeit der Hauptzellen der Magenschleimhaut

B. Freisetzung von Gastrin im Antrumbereich

C. Stimulation der Belegzellen durch den Nervus vagus

D. Pufferkapazität des Duodenalsekrets

E. Funktionelle Reserve der Belegzellen der Magenschleimhaut

10.004   10.1   Fragentyp A

Wählen Sie eine wichtige Indikation für die Sekretionsanalyse des Magens:

A. Verdacht auf Magencarcinom

B. Ausschluß eines Ulcus duodeni

C. Verdacht auf ein Ulcus ventriculi

D. Ausschluß einer refraktären Anacidität

E. Nachweis von Magenpolypen

10.005   10.1   Fragentyp D

Welche der folgenden Maßnahmen ist bei Verdacht auf das
Vorliegen einer "chronisch-atrophischen Gastritis" von
diagnostischer Bedeutung?

1) Sekretionsanalyse mit Pentagastrin

2) Bestimmung von Gastrin im Blut

3) Saugbiopsie und histologische Untersuchung der Magenschleimhaut

4) Röntgen-Kontrastdarstellung der Magenschleimhaut

5) Bestimmung von Folsäure und Vitamin B_{12} im Urin

Wählen Sie bitte die zutreffende Aussagenkombination.

A. Nur 1 ist richtig

B. Nur 1 und 4 sind richtig

C. Nur 1, 3 und 4 sind richtig

D. Nur 2, 3 und 5 sind richtig

E. Alle Aussagen sind richtig

10.006   10.1   Fragentyp A

Unter der Gipfelsekretion (PAO = peak acid output) nach
Stimulation mit Pentagastrin versteht man

A. die H^+-Sekretion der ersten 15-min-Periode nach Stimulierung mit Pentagstrin

B. die H^+-Sekretion der beiden höchsten 15-min-Portionen
nach Stimulierung mit Pentagastrin bezogen auf 1 Stunde

C. die höchste titrierbare Acidität einer Einzelfraktion
nach Stimulierung mit Pentagastrin

D. die H^+-Sekretion der ersten 15-min-Portion vor Stimulierung mit Pentagastrin bezogen auf 1 Stunde

E. die Korrelation zwischen H^+-Sekretion und Ausscheidung von Pepsinogen

10.007   10.1   Fragentyp A

Ein Patient hat bei der fraktionierten Magensaftanalyse
eine basale Säuresekretion (BAO) von 2 mmol HCl/h.
Dieser Wert ist

A. erniedrigt und muß durch eine Schleimhautbiopsie ergänzt werden

B. normal und bedarf keiner weiteren Differenzierung

C. stark erhöht und spricht für ein Zollinger-Ellison-
Syndrom

D. mäßig erhöht und spricht für ein Duodenalulcus

E. Keine dieser Antworten trifft zu

10.008   10.1   Fragentyp A

Bei einer Sekretionsanalyse mit Pentagastrin ergibt sich
ein Quotient: Basale Säuresekretion (BAO)/Gipfelsekretion
(PAO) = 0,65. Welche Verdachtsdiagnose leitet sich daraus ab?

A. Chronisch-atrophische Gastritis

B. Magengeschwür (Ulcus ventriculi)

C. Zollinger-Ellison-Syndrom

D. Magencarcinom

E. Duodenalgeschwür (Ulcus duodeni)

10.009   10.1   Fragentyp A
____

Mit welchem der folgenden Ergebnisse einer Sekretionsanalyse können Sie ein Magencarcinom ausschließen?

A. Basale Säuresekretion (BAO) und Gipfelsekretion (PAO)

B. Keine Säure trotz maximaler Stimulation

C. BAO = 0, aber PAO über 20 mmol HCl/h

D. BAO über 10, PAO über 35 mmol HCl/h

E. Mit keinem von diesen Ergebnissen

10.010   10.2   Fragentyp A
____

Welches der folgenden Verfahren ist für den Nachweis
einer gestörten Resorption im Dünndarm am besten geeignet?

A. Intravenöse Gabe von radiochrom-markiertem Albumin

B. Orale Gabe von Lactose

C. Applikation einer Olivenöl-Emulsion mittels Duodenal-
   sonde

D. Orale Gabe von Glucose

E. Orale Gabe von Xylose

10.011   10.2   Fragentyp B
____

Die D-Xyloseausscheidung im 5-h-Urin ist normal bei

1) chronischer Pankreatitis

2) chronischer Niereninsuffizienz

3) Malabsorptionssyndrom

4) chronischer persistierender Hepatitis

5) chronischer atrophischer Gastritis

Wählen Sie bitte die richtige Aussagenkombination.

A. Nur 1 ist richtig

B. Nur 1 und 3 sind richtig

C. Nur 2 und 3 sind richtig

D. Nur 3 und 5 sind richtig

E. Nur 1, 4 und 5 sind richtig

10.012   10.2   Fragentyp C

Ein normaler D-Xylose-Belastungstest schließt das Vorliegen einer Maldigestion nicht aus,

weil

der Test nur die intestinale Absorption erfaßt.

10.013   10.2   Fragentyp D

Die orale Disaccharidbelastung wird bei Verdacht auf
folgende Erkrankungen durchgeführt:

1) Chronische Pankreatitis

2) Malabsorptionssyndrom

3) Verdacht auf primären Disaccharidasemangel

4) Subklinischer Diabetes mellitus

5) Inselzelladenom

Wählen Sie bitte die zutreffende Aussagenkombination.

A. Nur 1 ist richtig

B. Nur 2 ist richtig

C. Nur 2 und 3 sind richtig

D. Nur 3, 4 und 5 sind richtig

E. Alle Aussagen sind richtig

10.014   10.2   Fragentyp C

Bei einem Säugling, der voll gestillt wird, treten
Durchfälle auf. Der Verdacht einer Saccharose-Malabsorp-
tion liegt nahe,

weil

der Saccharosegehalt der Muttermilch besonders hoch ist.

10.015   10.2   Fragentyp A

Welcher Darmabschnitt absorbiert Vitamin B_{12}?

A. Duodenum

B. Proximales Ileum

C. Distales Ileum

D. Distales Jejunum

E. Colon ascendens

10.016   10.2   Fragentyp A

Bei einem Patienten treten im Gefolge einer Gastrektomie
(Billroth-Operation) gehäuft wäßrige, saure Durchfälle
auf. Der Verdacht auf einen erworbenen Lactase-Mangel
des Dünndarms kann objektiviert werden durch

A. einen oralen Galactose-Belastungstest

B. eine Bestimmung der Blutglucose nach Lactosebelastung

C. eine Bestimmung des Blutlactats nach Lactosebelastung

D. einen oralen Glucose-Toleranztest

E. eine Messung des pH-Wertes in einer Stuhlprobe

10.017   10.3   Fragentyp A

Welches Prinzip wird zum Blutnachweis im Stuhl herangezogen?

A. Die Glutathionreductase der Erythrocyten

B. Die Hydroxybutyratdehydrogenase (Alpha-Hydroxybutyrat-
   Dehydroxygenase, HBDH) der Erythrocyten

C. Die alkalische Phosphatase der Leukocyten

D. Die Peroxidase-Wirkung des Hämoglobins

E. Die Diazotierbarkeit des Häm

10.018   10.3   Fragentyp A

Welche diätetischen Vorschriften hat ein Patient während
der Prüfung auf okkultes Blut im Stuhl zu beachten?

A. Einhalten einer fettfreien Diät

B. Vermeiden einer schlackenreichen Kost

C. Einhalten einer salzarmen Kost

D. Vermeiden einer fleischreichen Kost

E. Es sind keine diätetischen Maßnahmen erforderlich

10.019   10.3   Fragentyp D

Bei welchen Erkrankungen des Magen-Darm-Trakts ist der
Nachweis von okkultem Blut angezeigt?

1) Lebercirrhose mit Oesophagus-Varicen

2) Blutendes Magengeschwür mit Teerstühlen

3) Malabsorption im Dünndarm

4) Carcinom des Colon transversum

5) Innere Hämorrhoiden

Wählen Sie bitte die zutreffende Aussagenkombination.

A. Nur 2 ist richtig

B. Nur 2 und 3 sind richtig

C. Nur 1 und 4 sind richtig

D. Nur 1, 2 und 5 sind richtig

E. Nur 2, 3 und 4 sind richtig

10.020   10.3   Fragentyp D

Welche Substanzen bzw. Diät-Formen können einen falsch
positiven Blutnachweis im Stuhl verursachen?

1) Hämoglobin aus der Nahrung

2) Myoglobin aus der Nahrung

3) Reis-Diät

4) Margarine und Olivenöl

5) Pflanzenhaltige Rohkost

Wählen Sie bitte die zutreffende Aussagenkombination.

A. Nur 1, 2 und 3 sind richtig
B. Nur 1, 2 und 4 sind richtig
C. Nur 1, 2 und 5 sind richtig
D. Nur 2, 3 und 4 sind richtig
E. Nur 3, 4 und 5 sind richtig

10.021	10.4	Fragentyp D

Als Suchtest für eine chronische Pankreatitis eignen sich

1) das Stuhlgewicht
2) der Blutnachweis im Stuhl
3) die Chymotrypsin-Aktivitätsbestimmung im Stuhl
4) der Xylose-Belastungstest
5) Disaccharidbelastungen

Wählen Sie bitte die zutreffende Aussagenkombination.

A. Nur 1 ist richtig
B. Nur 1 und 3 sind richtig
C. Nur 3 und 4 sind richtig
D. Nur 3 und 5 sind richtig
E. Alle Aussagen sind richtig

10.022	10.4	Fragentyp A

Wie läßt sich eine Steatorrhoe (Vermehrung der Stuhl-
fette) beweisen?

A. Durch die quantitative Bestimmung der Gallensäuren
   im Stuhl
B. Durch den Secretin-Pankreozymintest
C. Mittels Sudanfärbung und qualitativer Beurteilung
   des Stuhlpräparats im Mikroskop
D. Durch 3tägige Messung der Stuhlgewichte
E. Mittels Verabreichung einer fettreichen Probekost

10.023	10.4	Fragentyp C

Eine erhöhte Fettausscheidung im Stuhl erlaubt keine
Differentialdiagnose zwischen chronischer Pankreatitis
und Malabsorptionssyndromen,

weil

in beiden Fällen eine Steatorrhoe beobachtet wird.

10.024	10.4	Fragentyp A

Welches der folgenden Verfahren bei der Funktionsprüfung
des exokrinen Pankreas erlaubt die zuverlässigste Aussage?

A. Bestimmung der Lipase-Aktivität im Serum

B. Durchführung eines oralen Lactose-Toleranztests

C. Bestimmung von Bicarbonat und Pankreas-Enzymen im
   Duodenalsekret nach Stimulation

D. Durchführung eines intravenösen Glucose-Toleranz-
   tests

E. Bestimmung von Bicarbonat und Amylase im Serum

10.025	10.4	Fragentyp A

Zur Diagnose der akuten Pankreatitis eignet sich die
Bestimmung der Aktivität folgender Enzyme

A. Lipase und Amylase im Serum

B. Aspartataminotransferase (Glutamat-Oxalacetat-Transaminase, GOT) und Alaninaminotransferase (Glutamat-
   Pyruvat-Transaminase, GPT) im Serum

C. Chymotrypsin im Stuhl

D. Lipase und Amylase im Duodenalsaft nach Stimulation
   mit Secretin-Pankreozymin

E. Kreatinkinase (CK) und Aldolase im Serum

10.026   10.5   Fragentyp D

Aktivitätsbestimmungen der Alaninaminotransferase (Glutamat-Pyruvat-Transaminase, GPT), Cholinesterase und Gamma-
Glutamyltransferase (Gamma-Glutamyl-Transpeptidase, Gamma-
GT) eignen sich aus folgenden Gründen als Such-Test
bei Verdacht auf Lebererkrankungen:

1) GPT und Gamma-GT geben als Exkretionsenzyme Auskunft
   über die Syntheseleistung der Leber

2) Gamma-GT und GPT geben aufgrund ihrer Verteilung im
   Hepatocyten Auskunft über entzündliche und toxische
   Leberzellschäden

3) Cholinesterasen gestatten eine Aussage über die Syntheseleistung der Leber

4) GPT und Cholinesterasen gestatten spezifische Aussagen bei Verdacht auf Cholestasen

5) GPT und Gamma-GT erlauben die Differenzierung zwischen
   Hepatitis A und B

Wählen Sie bitte die zutreffende Aussagenkombination.

A. Nur 1 ist richtig

B. Nur 1 und 2 sind richtig

C. Nur 2 und 3 sind richtig

D. Nur 3, 4 und 5 sind richtig

E. Alle Aussagen sind richtig

10.027   10.5   Fragentyp A

Welche Kenngröße im Serum fällt bei einer beginnenden
Hepatitis zuerst pathologisch aus?

A. Alaninaminotransferase (Glutamat-Pyruvat-Transaminase,
   GPT)

B. Quick-Wert

C. Bilirubin

D. Albumin

E. Gamma-Globulin der Elektrophorese

10.028   10.5   Fragentyp A

Welches Serum-Enzym zeigt bei einer akuten Hepatitis
den stärksten Aktivitätsanstieg?

A. Alaninaminotransferase (Glutamat-Pyruvat-Transaminase,
   GPT)

B. Alkalische Phosphatase (AP)

C. Gamma-Glutamyltransferase (Gamma-Glutamyl-Transpeptidase, Gamma-GT)

D. Aspartataminotransferase (Glutamat-Oxalacetat-Transaminase, GOT)

E. Lactat-Dehydrogenase (LDH)

10.029   10.5   Fragentyp A

Welches Enzym im Serum zeigt durch seinen Anstieg eine
hohe Zahl von Leberzellnekrosen an?

A. Alkalische Phosphatase

B. Hydroxybutyratdehydrogenase (Alpha-Hydroxybutyrat-
   Dehydrogenase, HBDH)

C. Kreatinkinase (CK)

D. Alaninaminotransferase (Glutamat-Pyruvat-Transaminase,
   GPT)

E. Glutamat-Dehydrogenase (GLDH)

10.030   10.5   Fragentyp A

Welches der folgenden Enzymaktivitäts-Muster im Serum
spricht für das Vorliegen eines Verschluß-Ikterus ("extrahepatische Cholestase") und gegen eine Knochenerkran-
kung?

	Alkalische Phosphatase	Alaninaminotransferase (Glutamat-Pyruvat-Transaminase, GPT)	Gamma-Glutamyltransferase (Gamma-Glutamyl-Transpeptidase, Gamma-GT)
A.	normal	erhöht	erhöht
B.	erhöht	normal	erhöht
C.	normal	normal	erhöht
D.	erhöht	normal	normal
E.	erhöht	erhöht	normal

10.031   10.5   Fragentyp D

Welche Enzym-Aktivitäten im Serum steigen bei Gallengangsverschluß besonders schnell an?

1) Cholinesterase

2) Gamma-Glutamyltransferase (Gamma-Glutamyl-Transpeptidase, Gamma-GT)

3) Alkalische Phosphatase

4) Aspartataminotransferase (Glutamat-Oxalacetat-Transaminase, GOT)

5) Kreatinkinase (CK)

Wählen Sie bitte die zutreffende Aussagenkombination.

A. Nur 1 und 2 sind richtig

B. Nur 2 und 3 sind richtig

C. Nur 3 ist richtig

D. Nur 3 und 4 sind richtig

E. Nur 4 und 5 sind richtig

10.032   10.034
10.033   10.5   Fragentyp B

Welche Befundkonstellation im Serum ist charakteristisch
für folgende Erkrankungen?

10.032 Akute Hepatitis

10.033 Extrahepatische Cholestase

10.034 Alkoholtoxische Lebererkrankungen

	Alaninaminotransferase (Glutamat-Pyruvat-Transaminase, GPT)	Gamma-Glutamyltransferase (Gamma-Glutamyl-Transpeptidase, Gamma-GT)	Alkalische Phosphatase
A.	stark erhöht	mäßig erhöht	normal bis leicht erhöht
B.	normal	stark erhöht	normal
C.	normal	normal	stark erhöht
D.	normal bis leicht erhöht	deutlich erhöht	normal
E.	normal bis leicht erhöht	stark erhöht	stark erhöht

10.035   10.5   Fragentyp A

Welches Enzym ist ein empfindlicher Indikator für einen
chronischen alkoholbedingten Leberschaden?

A. Aspartataminotransferase (Glutamat-Oxalacetat-Transaminase, GOT)

B. Alaninaminotransferase (Glutamat-Pyruvat-Transaminase,
   GPT)

C. Alkalische Phosphatase

D. Kreatinkinase (CK)

E. Gamma-Glutamyl-Transferase (Gamma-Glutamyl-Transpeptidase, Gamma-GT)

10.036   10.5   Fragentyp A

Welche Enzymaktivität im Serum fällt bei herabgesetzter
Synthese-Leistung der Leber ab?

A. Kreatinkinase (CK)

B. Alaninaminotransferase (Glutamat-Pyruvat-Transaminase,
   GPT)

C. Cholinesterase (CHE)

D. Hydroxybutyratdehydrogenase (Alpha-Hydroxybutyrat-
   Dehydrogenase, HBDH)

E. Amylase (Alpha-Amylase)

10.037   10.5   Fragentyp A

Die Erhöhung der Aspartataminotransferase (Glutamat-
Oxalacetat-Transaminase, GOT) im Serum ist unter fol-
genden Bedingungen ein spezifischer Hinweis für das
Vorliegen einer Lebererkrankung:

A. Es geht eine schwere Gallenkolik voraus

B. Neben der Gesamtaktivität wird das leberspezifische
   Isoenzym der GOT bestimmt

C. Zum Ausschluß eines Herzinfarkts wird ein EKG angefertigt

D. Es erfolgt eine gleichzeitige Bestimmung der Kreatinkinase (CK) im Serum

E. Keine Antwort trifft zu: Die Erhöhung der GOT ist
   nicht organspezifisch

10.038   10.5   Fragentyp D

Welcher Funktionszustand bzw. welche Partialfunktion
der Leber wird mit dem intravenösen Bromthaleintest
erfaßt?

1) Syntheseleistung (Konjugation mit Glutathion)

2) Integrität der Zellmembran

3) Sekretion gallepflichtiger Substanzen

4) Durchblutung der Leber

Wählen Sie bitte die zutreffende Aussagenkombination.

A. Nur 1 ist richtig

B. Nur 1 und 2 sind richtig

C. Nur 1 und 3 sind richtig

D. Nur 3 ist richtig

E. Alle Aussagen sind richtig

10.039   10.5   Fragentyp A

Unter welchen Umständen kann ein Bromthalein-Test (BSP-
Test) falsch normal ausfallen?

1) Bei Ascites

2) Bei Albuminurie

3) Nach einer Mahlzeit

4) Nach Gabe von Morphium

5) Nach Einnahme bromhaltiger Medikamente

Wählen Sie bitte die zutreffende Aussagenkombination.

A. Nur 1, 2 und 3 sind richtig

B. Nur 2, 3 und 4 sind richtig

C. Nur 3, 4 und 5 sind richtig

D. Nur 4 und 5 sind richtig

E. Alle Aussagen sind richtig

10.040   10.5   Fragentyp A

Welche der folgenden Methoden gehört zu den Funktions-
prüfungen der Leber?

A. Oraler Galactose-Toleranztest

B. Phenolrot-Probe (PSP-Test)

C. Oraler Lactose-Toleranztest

D. Eisenresorptionstest

E. Oraler Glucose-Toleranztest (OGTT)

10.041   10.5   Fragentyp C

Der Galactose-Belastungstest ist ein empfindlicherer Indikator für eine Leberzell-Schädigung als der Bromthaleintest (BSP-Test),

weil

das Lebergewebe eine größere Funktionsreserve für die
Umwandlung von Galactose hat als für die Konjugation
von Bromsulphthalein.

10.042   10.5   Fragentyp D

Zur Beurteilung der Syntheseleistung der Leber eignen
sich folgende Kenngrößen:

1) Aktivität der Glutamat-Dehydrogenase (GLDH) und Aldolase im Serum

2) Aktivität der Cholinesterase im Serum

3) Konzentrationen der Serumprotein-Fraktionen (Elektrophorese)

4) Aktivität der Gerinnungsfaktoren V und II im Plasma

5) Konzentration der Immunglobuline im Serum

Wählen Sie bitte die zutreffende Aussagenkombination.

A. Nur 1 ist richtig

B. Nur 1 und 2 sind richtig

C. Nur 2 und 3 sind richtig

D. Nur 2 und 4 sind richtig

E. Nur 2, 3 und 4 sind richtig

10.043   10.5   Fragentyp A

Zur Vorbereitung eines Patienten auf eine laparoskopische
Untersuchung genügen folgende Gerinnungsuntersuchungen:

A. Nur der Quick-Test

B. Nur die partielle Thromboplastinzeit (PTT)

C. Quick-Test und PTT

D. Nur die Thrombocyten-Zählung

E. Quick-Test, PTT und Thrombocyten-Zählung

10.044   10.5   Fragentyp A

Eine breitbasige Gamma-Globulinvermehrung im Elektropho-
rese-Diagramm findet man bei

A. Myokardinfarkt

B. nephrotischem Syndrom

C. Eisenmangel-Anämie

D. Faktor VIII-Mangel

E. Lebercirrhose

10.045   10.5   Fragentyp A

Die Differenzierung der Hepatitis A und Hepatitis B erfolgt mit Hilfe folgender Untersuchungen:

A. Aktivitätsbestimmungen der Aspartataminotransferase
   (Glutamat-Oxalacetat-Transaminase, GOT), Alaninaminotransferase (Glutamat-Pyruvat-Transaminase, GPT),
   Gamma-Glutamyltransferase (Gamma-Glutamyl-Transpeptidase, Gamma-GT)

B. Immunelektrophorese

C. Thromboplastinzeit (Quick-Wert) und partielle
   Thromboplastinzeit (PTT)

D. Bilirubinbestimmung und Aktivitätsmessungen der
   alkalischen Phosphatase

E. Bestimmung des HB_S-Antigens

11. Säure-Basen-Haushalt und Blutgase

Welches Anticoagulans stört am wenigsten bei Blutgas-
und Säure-Basen-Analysen?

A. Ammoniumoxalat

B. Natriumcitrat

C. Natriumoxalat

D. Natrium-Äthylendiamintetraacetat

E. Natriumheparinat

Weshalb muß das Untersuchungsmaterial für eine Blutgas-
analyse im Eisbad bei $0°$ C aufbewahrt werden?

A. Es dürfen keine Blutgase entweichen

B. Der Gehalt der Äquilibriergase wird auf sog. Normal-
   bedingungen ($0°$ C; 5,35 kPa) umgerechnet

C. Es muß eine Hämolyse verhindert werden

D. die pH-Elektrode ist bei $0°$ C kalibriert

E. Es sollen pH-Verschiebungen infolge von Stoffwechsel-
   prozessen verhindert werden

11.003   11.2   Fragentyp D

Welche Größen im Blut können zur Zeit mit Elektroden direkt gemessen werden?

1) pCO

2) pO_2

3) pN_2

4) pCO_2

5) pH

Wählen Sie bitte die zutreffende Aussagenkombination.

A. Nur 1, 2 und 5 sind richtig

B. Nur 2, 3 und 4 sind richtig

C. Nur 2 ist richtig

D. Nur 2, 4 und 5 sind richtig

E. Nur 4 und 5 sind richtig

11.004   11.2   Fragentyp D

Welche der genannten Größen können bei der Blutgas-Analyse nach der Astrup-Methode aus den Messungen an äquilibrierten Proben errechnet werden?

1) Aktueller pH

2) Aktueller pCO_2

3) Standard-Bicarbonat

4) pO_2

5) Chlorid

Wählen Sie bitte die zutreffende Aussagenkombination.

A. Nur 1, 2 und 3 sind richtig

B. Nur 2 und 3 sind richtig

C. Nur 2, 3 und 4 sind richtig

D. Nur 3 und 4 sind richtig

E. Nur 3, 4 und 5 sind richtig

11.005   11.2   Fragentyp D

Unter Standard-Bicarbonat versteht man die Bindungskapa-
zität von 1 l Vollblut für Kohlensäure unter folgenden
Bedingungen:

1) Temperatur 0° C

2) Temperatur 37° C

3) Sauerstoffsättigung des Hämoglobins

4) pCO_2 = 101 kPa = 760 mm Hg

5) pCO_2 = 5,35 kPa = 40 mm Hg

Wählen Sie bitte die zutreffende Aussagenkombination.

A. Nur 1, 3 und 4 sind richtig

B. Nur 2 und 4 sind richtig

C. Nur 2, 3 und 4 sind richtig

D. Nur 2, 3 und 5 sind richtig

E. Keine Aussage ist richtig

11.006   11.2   Fragentyp D

Bei der Blutgasanalyse nach Astrup wird/werden welche(s)
Ergebnis(se) rechnerisch bzw. zeichnerisch im Nomogramm
ermittelt?

1) Aktueller pH

2) Äquilibrierter pH

3) Akturelles Kohlendioxid

4) Gesamt-Kohlendioxid

5) Standard-Bicarbonat

Wählen Sie bitte die zutreffende Aussagenkombination.

A. Nur 1, 4 und 5 sind richtig

B. Nur 2, 3 und 4 sind richtig

C. Nur 2, 3 und 5 sind richtig

D. Nur 3 und 5 sind richtig

E. Nur 4 und 5 sind richtig

Welche Ergebniskombination läßt einen Analysenfehler vermuten?

	pH	pCO_2 (kPa)	=	pCO_2 (mm Hg)	Standard-Bicarbonat (mmol/l)
A.	7,40	5,3		40	25
B.	7,40	8,0		60	20
C.	7,20	8,0		60	25
D.	7,40	2,7		20	15
E.	7,50	5,3		40	30

Welches Befund-Muster (Liste 1) gehört zu welcher Bewertung (Liste 2)?

Liste 1

	pH	pCO_2 (kPa)	=	pCO_2 (mm Hg)	Standard-Bicarbonat (mmol/l)
11.008	7,40	7,33		55	35
11.009	7,10	4,00		30	10
11.010	7,35	3,33		25	15
11.011	7,50	7,73		58	38
11.012	7,55	3,33		25	26
11.013	7,20	11,33		85	25

Liste 2

A. Kompensierte metabolische Acidose

B. Dekompensierte metabolische Acidose

C. Kompensierte metabolische Alkalose

D. Dekompensierte metabolische Alkalose

E. Respiratorische Alkalose

F. Respiratorische Acidose

11.014 11.2 Fragentyp A

Ein Standard-Bicarbonat-Wert von 35 mmol/l kann auftreten bei

A. Hungerzustand

B. Erbrechen

C. Hyperventilation

D. Gallenfisteln

E. Gicht

11.015 11.2 Fragentyp A

Wieviel mmol Säure geht schätzungsweise beim Absaugen von 500 ml Magensaft (pH = 1,20) verloren?

A. 0,1 mmol

B. 3,0 mmol

C. 10,0 mmol

D. 30,0 mmol

E. 60,0 mmol

11.016 11.2 Fragentyp A

Welche Kombination von pH, Kohlendioxid und Standard-Bicarbonat trifft für eine reine dekompensierte metabolische Acidose zu?

	pH-Wert	Kohlendioxid	Standard-Bicarbonat
A.	normal	erniedrigt	erhöht
B.	erniedrigt	normal	erniedrigt
C.	erhöht	normal	erhöht
D.	erniedrigt	erhöht	erniedrigt
E.	normal	erhöht	erniedrigt

11.017   11.2   Fragentyp A

Ein Standard-Bicarbonat-Wert von 15 mmol/l kann auftreten bei

A. Drainage des Duodenums

B. Erbrechen

C. Apparatnarkose mit Hypoventilation

D. Corticoidtherapie

E. Infusion von Natrium-Lactat

11.018   11.2   Fragentyp A

Welche Bewertung trifft für das Ergebnis folgender Blutgasanalyse zu?
pH = 7,32; Kohlendioxid 9,2 kPa = 69,8 mm Hg;
Standard-Bicarbonat = 29,7 mmol/l

A. Respiratorische Acidose, nicht kompensiert

B. Respiratorische Acidose, teilweise kompensiert

C. Die Werte sind nicht plausibel

D. Metabolische Acidose, teilweise kompensiert

E. Metabolische Acidose, nicht kompensiert

11.019   11.2   Fragentyp A

Ein aktueller pCO_2 von 8 kPa = 60 mm Hg kann ausgelöst
werden durch

A. gesteigerte Atemfrequenz

B. Hämolyse

C. Durchfälle

D. Anacidität des Magensaftes

E. Pneumonie

11.020   11.2   Fragentyp A

Ein pH-Wert von 7,50 in einer Blutprobe kann die folgende
Ursache haben:

A. Flache Atmung

B. Coma diabeticum

C. Proteinreiche Ernährung

D. Stehenlassen der Blutprobe in einem offenen Gefäß

E. Urämie

11.021   11.3   Fragentyp C

Eine sog. Anionenlücke von mehr als 19 mmol/l (Summe von
Natrium und Kalium minus Summe von Chlorid und Bicarbonat) spricht für das Vorliegen einer Lactatacidose,

weil

Lactat trotz ausreichender Sauerstoffversorgung des Patienten stark erhöht sein kann.

11.022   11.3   Fragentyp A

Der qualitative Nachweis von Acetessigsäure und Aceton
beruht auf

A. der Farbkomplexbildung mit Nitroprussidnatrium im
   alkalischen Milieu

B. der Farbbildung mit einem Diazofarbstoff

C. der Farbkomplexbildung mit Cuproin

D. der Farbkomplexbildung mit Phenanthrolin

E. der enzymatischen Reaktion mit Beta-Hydroxybutyrat-
   Dehydrogenase

Eine Ketonurie tritt bei folgenden Erkrankungen auf:

1) Bei Fettstoffwechselstörungen

2) Bei Hunger

3) Bei dekompensiertem Diabetes mellitus

4) Bei Niereninsuffizienz

5) Bei chronischen Lebererkrankungen

Wählen Sie bitte die zutreffende Aussagenkombination.

A. Nur 1 ist richtig

B. Nur 1 und 2 sind richtig

C. Nur 2 und 3 sind richtig

D. Nur 2, 3 und 4 sind richtig

E. Alle Aussagen sind richtig

Bei einem Patienten im Coma diabeticum sind folgende
Substanzen im Blut die Ursache für die Acidose

1) Beta-Hydroxybuttersäure

2) Acetessigsäure

3) Citronensäure

4) Oxalsäure

5) Apfelsäure

Wählen Sie bitte die zutreffende Aussagenkombination.

A. Nur 1 und 2 sind richtig

B. Nur 1, 2 und 4 sind richtig

C. Nur 1, 2 und 5 sind richtig

D. Nur 2, 4 und 5 sind richtig

E. Nur 3 und 4 sind richtig

11.025   11.3   Fragentyp A

Welches Befundmuster ist charakteristisch für ein unbe-
handeltes diabetisches Koma?

	Glucose im Blut	Standard-Bicarbonat	Ketonkörper im Harn, qualitativ
A.	erhöht	normal	negativer Nachweis
B.	erhöht	erniedrigt	negativer Nachweis
C.	normal	normal	positiver Nachweis
D.	erhöht	erhöht	positiver Nachweis
E.	erhöht	erniedrigt	positiver Nachweis

11.026   11.3   Fragentyp C

Ein erhöhtes Kalium im Serum bei einem diabetischen keto-
acidotischen Koma schließt einen erheblichen Verlust an
Kalium aus,

weil

bei einer unbehandelten metabolischen Acidose das intracelluläre Kalium auf Kosten des extracellulären Kaliums
zunimmt.

11.027   11.3   Fragentyp A

Welche der Nahrungsbestandteile erzeugen in der Säure-
Basen-Bilanz einen Überschuß an Protonen-Donatoren, die
durch die Niere ausgeschieden werden müssen?

A. Kohlenhydrate

B. Proteine

C. Triglyceride

D. Cholesterin

E. Alkohol

11.028   11.3   Fragentyp D

Beim Bilanzieren der täglichen H^+-Ionenausscheidung durch
die Niere muß man folgende Untersuchungen im 24-h-Sammel-
harn durchführen: Bestimmung

1) des Gesamtstickstoffs

2) der Ammoniak-Ausscheidung

3) von Chlorid

4) der Titrationsacidität

5) des pH-Wertes

Wählen Sie bitte die zutreffende Aussagenkombination.

A. Nur 1 und 2 sind richtig

B. Nur 2 und 3 sind richtig

C. Nur 2 und 4 sind richtig

D. Nur 2 und 5 sind richtig

E. Nur 4 und 5 sind richtig

11.029   11.3   Fragentyp A

Ein Patient im diabetischen Koma kann seine metabolische
Acidose kompensieren durch

A. eine Erhöhung der Ammoniakkonzentration im Blut

B. eine Erhöhung der Phosphatkonzentration im Blut

C. eine verstärkte Diurese

D. eine Anpassung des Basen-Sparmechanismus der Niere

E. eine flache Atmung

Das Prinzip der Sauerstoff-Messung mit der Platinelektrode beruht auf:

A. pH-Änderungen des Untersuchungsmaterials durch Äquilibrieren mit Sauerstoff

B. Reduktion von Sauerstoff zu Wasser nach Anlegen einer
   Spannung: Der dabei fließende Reduktionsstrom ist dem
   pO_2 proportional

C. Änderung des Membranpotentials der Elektrode durch O_2

D. Änderung des pCO_2 nach Äquilibrieren mit O_2

E. Oxidation der Platinelektrode und dadurch auftretende
   Oxidationsströme

12. Wasser- und Elektrolytstoffwechsel

Das Meßprinzip der Flammenphotometrie ist die

A. Lichtemission der angeregten Atome

B. Lichtemission der angeregten Ionen

C. Lichtabsorption der angeregten Atome

D. Lichtabsorption der angeregten Ionen

E. Fluorescenz der angeregten Ionen

Welche klinisch wichtigen Elemente können zuverlässig mit der Emissionsflammenphotometrie bestimmt werden?

1) Fluorid

2) Kalium

3) Magnesium

4) Aluminium

5) Natrium

6) Lithium

Wählen Sie bitte die zutreffende Aussagenkombination.

A. Nur 1, 2 und 3 sind richtig

B. Nur 2, 3 und 5 sind richtig

C. Nur 2, 4 und 5 sind richtig

D. Nur 2, 5 und 6 sind richtig

E. Nur 2, 3, 5 und 6 sind richtig

12.003   12.1   Fragentyp D

Die Spezifität einer flammenphotometrischen quantitativen
Bestimmung von Kalium wird durch folgende Umstände beeinflußt:

1) Verdünnung der Probe

2) Ausschaltung von störenden Anionen

3) Typ des Zerstäubers

4) Temperatur der Flamme

5) Leistungsfähigkeit der Lichtzerlegung

6) Korrektur störender Kationen

Wählen Sie bitte die zutreffende Aussagenkombination.

A. Nur 1, 2 und 3 sind richtig

B. Nur 1, 3 und 4 sind richtig

C. Nur 1, 5 und 6 sind richtig

D. Nur 2, 3 und 5 sind richtig

E. Nur 4, 5 und 6 sind richtig

12.004   12.1   Fragentyp A

Bei der Atomabsorptionsflammenphotometrie wird gemessen

A. die Lichtemission angeregter Ionen

B. die Lichtemission angeregter Atome

C. die Lichtabsorption angeregter Ionen

D. die Lichtabsorption von Atomen im Grundzustand

E. die Lichtabsorption von Molekülen im Grundzustand

12.005   12.1   Fragentyp D

Welche klinisch wichtigen Elemente können mit der Methode
der Atomabsorptionsflammenphotometrie im Serum und Urin
direkt bestimmt werden?

1) Chlorid

2) Jodid

3) Calcium

4) Magnesium

5) Phosphat

Wählen Sie bitte die zutreffende Aussagenkombination.

A. Nur 1 und 3 sind richtig

B. Nur 1 und 5 sind richtig

C. Nur 2 und 4 sind richtig

D. Nur 3 und 4 sind richtig

E. Nur 4 und 5 sind richtig

12.006   12.1   Fragentyp C

Die Bestimmung von Eisen im Serum mit Hilfe der Atomabsorptionsflammenphotometrie ist nicht zu empfehlen,

weil

mit diesem Verfahren das Eisen des sog. freien Hämoglobins nicht miterfaßt wird.

12.007   12.1   Fragentyp A

Welche Kenngröße des Blutes kann zur Zeit nicht direkt
mit Elektroden bestimmt werden?

A. Kalium

B. Natrium

C. Standard-Bicarbonat

D. Chlorid

E. Ionisiertes Calcium

12.008   12.2   Fragentyp A

Bei isotoner Dehydratation ist die folgende Kenngröße im Blut erhöht:

A. Natrium

B. Hämatokrit

C. Mittleres Zeitvolumen (MCV)

D. Osmolalität

E. Glucose

12.009   12.2   Fragentyp A

Welche aufgeführte klinisch-chemische Kenngröße gibt einen indirekten Hinweis auf eine Störung der Isotonie?

A. pCO_2, arteriell

B. Calcium im Serum

C. Bilirubin im Serum

D. Natrium im Serum

E. Phosphat im Serum

12.010   12.2   Fragentyp A

Welches Meßprinzip wird bei der Bestimmung der Osmolalität angewendet?

A. Messung der Dichte

B. Messung des Brechungsindex

C. Messung der optischen Drehung

D. Messung der Absorption von Licht

E. Messung der Gefrierpunktserniedrigung

12.011   12.2   Fragentyp A

Der osmotische Druck von Plasma hängt ab von der Konzentration (exakter: der osmotischen Aktivität) folgender
Bestandteile:

A. Nur der Elektrolyte

B. Nur der Plasmaproteine

C. Aller gelösten Teilchen

D. Nur der niedermolekularen Substanzen

E. Nur der undissoziierten Teilchen

12.012   12.2   Fragentyp A

Welchen osmotischen Druck übt eine Glucose-Konzentration
von 33,0 mmol/l = 5,94 g/l aus?

A. Das Ergebnis liegt unter der Nachweisgrenze

B. Ca. 3,3 mosmol/kg

C. Ca. 11,5 mosmol/kg

D. Ca. 33 mosmol/kg

E. Ca. 66 mosmol/kg

12.013   12.2   Fragentyp C

Ein Serum lieferte folgende Analysenergebnisse:

Natrium   150 mmol/l,
Kalium   5,0 mmol/l,
Chlorid   106 mmol/l,
Osmolalität 240 mmol/l.

Die Ergebnisse passen nicht zusammen,

weil

die Osmolalität geringer ist als die Summe der angegebenen Ionen-Konzentrationen.

12.014   12.2   Fragentyp C

Zur Bestimmung der Osmolalität im Serum kann man zur
groben Orientierung die Addition aller Elektrolytkon-
zentrationen heranziehen,

weil

damit die wichtigsten osmotisch wirksamen Teilchen erfaßt werden.

12.015   12.3   Fragentyp D

Zur Bestimmung des Kaliums im Serum ist zu beachten, daß

1) die Probe möglichst rasch nach der Entnahme zentrifugiert wird
2) das Serum möglichst rasch vom Blutkuchen separiert
   wird
3) die Blutprobe kräftig durchgemischt wird
4) die Blutprobe nicht länger als 2 Tage bei Zimmertemperatur vor der Messung aufbewahrt wird

Wählen Sie bitte die zutreffende Aussagenkombination.

A. Nur 3 und 4 sind richtig

B. Nur 1, 2 und 3 sind richtig

C. Nur 2, 3 und 4 sind richtig

D. Nur 1 ist richtig

E. Nur 1 und 2 sind richtig

12.016   12.3   Fragentyp A

Eine flammenphotometrische Bestimmung von Kalium im Harn
kann verfälscht werden durch

A. eine größere Acidität der Probe als des Primärstandards

B. eine stark abweichende Natriumkonzentration der Probe

C. einen hohen Phosphatgehalt der Probe

D. einen hohen Chloridgehalt der Probe

E. keinen der genannten Gründe

12.017	12.3	Fragentyp C

Die Bestimmung von Kalium im Serum gehört zu den Notfall-Untersuchungen,

weil

durch Verschiebungen von Kalium zwischen den verschiedenen Wasserräumen des Körpers lebensbedrohliche Situationen entstehen können.

12.018	12.3	Fragentyp C

Eine Verabreichung von Insulin führt beim diabetischen Koma zu einer Hyperkaliämie,

weil

Insulin die Lipidsynthese hemmt.

12.019	12.3	Fragentyp D

Unter welchen Umständen muß an eine Hypokaliämie gedacht werden? Bei

1) chronischer Niereninsuffizienz
2) Infusion von Glucose und Insulin
3) Transfusion von Konservenblut
4) Behandlung mit Diuretica
5) chronischen Durchfällen

Wählen Sie bitte die zutreffende Aussagenkombination.

A. Nur 1, 2 und 3 sind richtig
B. Nur 1, 3 und 5 sind richtig
C. Nur 2, 3 und 4 sind richtig
D. Nur 2, 4 und 5 sind richtig
E. Nur 3, 4 und 5 sind richtig

12.020   12.3   Fragentyp D

Eine Hyperkaliämie kann verursacht sein durch

1) eine Niereninsuffizienz

2) eine metabolische Acidose

3) eine Insuffizienz der Nebennierenrinde (Addisonsche Krankheit)

4) eine Überfunktion der Schilddrüse

5) eine chronisch-persistierende Hepatitis

Wählen Sie bitte die zutreffende Aussagenkombination.

A. Nur 1 und 3 sind richtig

B. Nur 1, 2 und 3 sind richtig

C. Nur 1, 2, 3 und 4 sind richtig

D. Nur 2, 3, 4 und 5 sind richtig

E. Alle Aussagen sind richtig

12.021   12.4   Fragentyp A

Welche Einschätzung der Bestimmung von Chlorid im Serum in bezug auf die klinische Aussagekraft trifft nach Ihrer Meinung am ehesten zu?

A. Die Bestimmung gehört zu jedem Elektrolytstatus

B. Die Bestimmung ersetzt in vielen Fällen die aufwendigere Bestimmung von Natrium

C. Die Bestimmung wird nur bei Ermittlung von Säure-Basen-Bilanzen benötigt

D. Man kann die Bestimmung als ergänzende Untersuchung auf einige Indikationen (z.B. metabolische Alkalose) beschränken

E. Die Bestimmung ist klinisch ohne Bedeutung

12.022	12.5	Fragentyp A

Calcium liegt im Plasma vor

A. nur ionisiert

B. nur an Eiweiß gebunden

C. geringfügig ionisiert und größtenteils an Eiweiß gebunden

D. größtenteils ionisiert und nur geringfügig an Eiweiß gebunden

E. etwa zu gleichen Teilen ionisiert und an Eiweiß gebunden

12.023	12.5	Fragentyp C

Eine Alkalose kann eine Tetanie auslösen,

weil

die Konzentration des ionisierten Calciums mit steigendem Blut-pH zunimmt.

12.024	12.5	Fragentyp A

Serum für eine Calcium-Bestimmung muß so schnell wie möglich vom Blutkuchen getrennt werden, weil

A. bei längerem Stehen der Blutprobe Calcium aus den Erythrocyten austritt

B. Calcium sich in sedimentierten Erythrocyten löst

C. Calcium sich fortlaufend stärker an Protein bindet

D. Calcium durch das Kohlendioxid aus dem Erythrocyten-Stoffwechsel zu unlöslichem Carbonat umgesetzt wird

E. das aus sedimentierten Erythrocyten austretende Magnesium die Bestimmung durch Atomabsorptionsspektrometrie stört

12.025	12.5	Fragentyp A

Der Sammelharn zur Bestimmung der 24-h-Ausscheidung von Calcium muß angesäuert werden,

A. um ein Bakterienwachstum zu verhindern

B. um das Ausfällen unlöslicher Calciumphosphat-Verbindungen zu verhindern

C. um das Protein auszufällen

D. um Calciumanlagerungen an Protein zu verhindern

E. um die Harnsäure auszufällen

12.026 12.029		
12.027 12.030		
12.028	12.5	Fragentyp B

Welcher Bestandteil des Plasmas (Liste 1) wird am zuverlässigsten mit welcher Methode (Liste 2) bestimmt?

Liste 1

12.026 Calcium, ionisiert

12.027 Gesamt-Calcium

12.028 Anorganisches Phosphat

12.029 Chlorid

12.030 Natrium

Liste 2

A. Emissions-Flammenphotometrie

B. Coulometrische Titration

C. Potentiometrie mit selektiver Elektrode

D. Atomabsorptionsspektrometrie

E. Photometrie

Eine verminderte Konzentration des Gesamt-Calciums im
Serum kann folgende Ursachen haben:

1) Mangel an Calciferol

2) Mangel an Parathormon

3) Mangel an Calcitonin

4) Metabolische Acidose

5) Hypoproteinämie

Wählen Sie bitte die zutreffende Aussagenkombination.

A. Nur 1, 2 und 3 sind richtig

B. Nur 1, 2 und 4 sind richtig

C. Nur 1, 2 und 5 sind richtig

D. Nur 2, 3 und 4 sind richtig

E. Nur 3, 4 und 5 sind richtig

Welche Aufgabe des Calciums wird bei Abfall des ionisierten Anteils im Plasma beim Erwachsenen in vivo als erste
gestört?

A. Die Knochenneubildung

B. Die Hemmung der Erregungsleitung

C. Die Wirkung als Gerinnungsfaktor

D. Die Aktivierung von Enzymen

E. Keine der genannten Aufgaben

13. Niere und ableitende Harnwege

<table>
<tr><td>13.001</td><td>13.1</td><td>Fragentyp A</td></tr>
</table>

Welches spezifische Gewicht muß der Urin eines Patienten
im Konzentrationsversuch mindestens erreichen, damit
eine insuffiziente Konzentrationsfähigkeit der Nieren
ausgeschlossen werden kann?

A. 1005 - 1010 g/l

B. 1010 - 1015 g/l

C. 1015 - 1020 g/l

D. 1020 - 1025 g/l

E. 1025 - 1030 g/l

<table>
<tr><td>13.002 13.004</td><td></td><td></td></tr>
<tr><td>13.003</td><td>13.1</td><td>Fragentyp B</td></tr>
</table>

Ordnen Sie den in Liste 1 aufgeführten Osmolalitäten im
Harn am Ende eines Konzentrationsversuches die in
Liste 2 aufgeführten Bewertungen zu.

Liste 1			Liste 2
13.002	400 - 800 mosmol/kg		A. Hyposthenurie
13.002	800 - 1200 mosmol/kg		B. Isosthenurie
13.003	250 - 300 mosmol/kg		C. Normalbefund
			D. Oligurie
			E. Polyurie

13.005   13.1   Fragentyp A

Wie bezeichnet man das Vorliegen einer Ausscheidung von
75 ml Harn in 24 Stunden bei normaler Trinkmenge?

A. Polyurie

B. Anurie

C. Oligurie

D. Pollakisurie

E. Nykturie

13.006   13.2   Fragentyp D

Die Konzentration von Kreatinin im Serum hängt ab von

1) der Proteinaufnahme (Fleisch)

2) der Muskelmasse

3) der Glucosekonzentration im Blut

4) dem Puringehalt der Nahrung

5) der Konzentration des Gesamteiweißes im Blut

Wählen Sie bitte die zutreffende Aussagenkombination.

A. Nur 1 ist richtig

B. Nur 1 und 2 sind richtig

C. Nur 2 und 3 sind richtig

D. Nur 3, 4 und 5 sind richtig

E. Alle Aussagen sind richtig

13.007   13.2   Fragentyp D

Kreatinin im Serum bestimmt man

1) zum Nachweis einer Funktionsstörung der Leber

2) zum Nachweis einer Ausscheidungsinsuffizienz der Niere

3) zum Nachweis eines Herzinfarkts

4) zur Kontrolle der Effektivität einer Peritoneal- oder Hämodialyse

5) zur Diätkontrolle bei Ulcus duodeni

6) zum Nachweis einer Skeletmuskelerkrankung

Wählen Sie bitte die zutreffende Aussagenkombination.

A. Nur 1 und 3 sind richtig

B. Nur 2 ist richtig

C. Nur 2 und 4 sind richtig

D. Nur 2 und 5 sind richtig

E. Nur 3 und 6 sind richtig

13.008   13.2   Fragentyp C

Bei Bestimmung von Kreatinin und Harnstoff im Serum ist eine Clearance-Untersuchung nicht nötig,

weil

eine lineare Beziehung zwischen Clearance und Serumkonzentration von Kreatinin und Harnstoff besteht.

13.009   13.011
13.010   13.2   Fragentyp B

Welche Befundkonstellation ist charakteristisch für folgende Erkrankungen?

13.009 Akute Pyelonephritis

13.010 Dekompensierte chronische Nephritis

13.011 Nephrotisches Syndrom

	Kreatinin im Serum	Kalium im Serum	Calcium im Serum	Urinbefund
A.	normal	normal	normal	Glucosurie
B.	normal	normal	normal	Proteinurie, Leukocyturie
C.	normal	normal	normal bis leicht vermindert	starke Proteinurie
D.	erhöht	erhöht	vermindert	Proteinurie, leichte Leukocyturie
E.	erhöht	normal	normal	normal

13.012 13.2 Fragentyp A

Auf welchem der Teststreifen zum Nachweis folgender Substanzen befindet sich ein Enzym als Hilfsreagenz?

A. Protein im Harn

B. Harnstoff im Blut

C. Nitrit im Harn

D. Cholinesterase im Serum

E. Phenylketonkörper im Harn

**13.013 13.015
13.014** 13.2 Fragentyp B

Die in Liste 1 genannten klinisch-chemischen Kenngrößen werden bei Patienten mit chronischer dialysepflichtiger Niereninsuffizienz regelmäßig überprüft. Welche Fragestellung (Liste 2) ist an die jeweilige Kenngröße geknüpft?

Liste 1

13.013 Kalium im Serum

13.014 Harnstoff im Serum

13.015 Kreatinin im Serum

Liste 2

A. Reizleitungsstörungen des Herzens

B. Syntheseleistung der Leber

C. Zufuhr von Nahrungsprotein

D. Sekretionsleistung der Niere

E. Hemmung der Erythropoese

13.016   13.2   Fragentyp A

Über welche Partialfunktion der Niere gibt die Bestimmung der endogenen Kreatinin-Clearance Auskunft?

A. Säure-Basen-Regulation des distalen Tubulus

B. Rückresorptionskapazität des proximalen Tubulus

C. Filtration im Glomerulum

D. Effektiver renaler Plasmafluß

E. Wasserregulation im distalen Tubulus

13.017   13.2   Fragentyp C

Kreatinin im Serum eignet sich besser zur Beurteilung
der Nierenfunktion als Harnstoff,

weil

die Harnstoff-Konzentration im Serum nicht von der
Eiweißzufuhr oder katabolen Zuständen beeinflußt wird.

13.018   13.2   Fragentyp A

Welche Kenngröße ist der empfindlichste Indikator für
einen Abfall der Nierenleistung auf 50% einer gesunden
Niere?

A. 24-h-Harnvolumen

B. Kreatinin im Serum

C. Harnstoff im Serum

D. Kalium im Serum

E. Inulin-Clearance

13.019   13.2   Fragentyp A

Welches Reagenz verwendet man für die chemische Bestimmung von Kreatinin im Serum?

A. Alkalische Pikrinsäure-Lösung

B. Diazotierte Sulfanilsäure-Lösung

C. Kupfersulfat in alkalischer Tartrat-Lösung

D. Molybdat- und Ascorbinsäure-Lösung

E. Eisen(II)-sulfat in Eisessig

13.020   13.2   Fragentyp D

Die Kreatininbestimmung im Serum nach Jaffé wird gestört durch

1) Harnstoff

2) Glucose und Ketonkörper

3) ein niedriges Gesamteiweiß im Serum

4) einen erhöhten Hämatokritwert

5) eine Fructose-Infusion

Wählen Sie bitte die zutreffende Aussagenkombination.

A. Nur 1 ist richtig

B. Nur 1 und 2 sind richtig

C. Nur 2 und 5 sind richtig

D. Nur 3, 4 und 5 sind richtig

E. Alle Aussagen sind richtig

13.021   13.3   Fragentyp A

Die Reaktion des Harns ist physiologischerweise sauer (pH-Wert 5 - 6), weil

A. der ausgeschiedene Harnstoff in saure Reaktionsprodukte zerfällt

B. NH_4^+-Ionen von den in der Blase vorkommenden Bakterien produziert werden

C. große Mengen Harnsäure ausgeschieden werden

D. die Nierentubuli Na^+-Ionen gegen H^+-Ionen austauschen ("Basen-Spareffekt")

E. Die Behauptung ist falsch: Saurer Harn entsteht nur bei metabolischer Acidose

13.022   13.3   Fragentyp A

Welcher Befund ist <u>nicht</u> typisch für eine Urämie?

A. Hyperkaliämie

B. Hyperphosphatämie

C. Kreatinin im Serum erhöht

D. Standard-Bicarbonat im Vollblut erhöht

E. pH im Vollblut erniedrigt

13.023   13.4   Fragentyp A

Bei der Durchführung einer Essigsäure-Kochprobe tritt
eine mäßig starke, aber bereits gut sichtbare Trübung
des untersuchten Urins auf, die auch nach Zugabe von
3%iger Essigsäure bestehen bleibt; wie ist dieser Befund zu bewerten?

A. Der Befund ist eindeutig pathologisch und bedarf
   weiterer Nachuntersuchungen

B. Der Befund ist normal

C. Der Befund ist nur pathologisch, wenn eine fieber-
   hafte Erkrankung vorliegt

D. Auch bei einem gesunden Menschen kann dieser Befund
   normal sein, wenn die Osmolalität des Urins relativ
   hoch ist

E. Der Befund ist nur im Zusammenhang mit einer quantitativen Sedimentbestimmung aussagekräftig

13.024   13.4   Fragentyp D

Welche Substanzen im Harn können eine falsch positive
Sulfosalicylsäure-Probe auf Protein verursachen?

1) Epithelzellen

2) Acetylsalicylsäure

3) Tolbutamid

4) Röntgenkontrastmittel (Galle, Niere)

5) Glucose

Wählen Sie bitte die zutreffende Aussagenkombination.

A. Nur 1 ist richtig

B. Nur 1 und 2 sind richtig

C. Nur 1, 3 und 4 sind richtig

D. Nur 2 und 5 sind richtig

E. Nur 3 und 4 sind richtig

13.025   **13.4**   **Fragentyp A**

Die Teststreifenmethode zum qualitativen Nachweis einer
Proteinurie wird verfälscht durch

A. alkalischen Urin

B. sauren Urin

C. Ascorbinsäure

D. Glucose

E. Harnsäure

13.026   **13.4**   **Fragentyp A**

Der qualitative Nachweis von Protein im Harn mittels
Teststreifen beruht auf folgendem Reaktionsmechanismus:

A. Diazotierung aromatischer Gruppen des Proteins

B. Enzymatische Hydrolyse von Peptidbindungen

C. Transaminierung von Epsilon-Aminogruppen

D. Spaltung von Disulfid-Brücken

E. Salzähnliche Bindung zwischen Farbstoff und Protein

13.027   **13.4**   **Fragentyp A**

Die quantitative Eiweißbestimmung im Harn erfolgt am
besten mit folgender Methode:

A. Sulfosalicylsäure-Fällung

B. Essigsäure-Kochprobe

C. Biuret-Reaktion nach Fällung mit Trichloressigsäure

D. Refraktometrie des Nativharns

E. Pikrinsäurefällung

13.028 13.4 Fragentyp A

Bei Verdacht auf welche Erkrankung muß man im Harn auf
das Vorhandensein von Bence-Jones-Protein prüfen? Bei

A. Cystitis

B. Hypernephrom

C. Plasmocytom

D. Nierentuberkulose

E. Cystennieren

13.029 13.4 Fragentyp D

Eine Proteinurie von 2-5 g Protein/l Harn kann vorkommen bei

1) Gesunden

2) proteinreicher Ernährung

3) glomerulären Schäden

4) tubulären Schäden

5) Paraproteinen im Serum

Wählen Sie bitte die zutreffende Aussagenkombination.

A. Nur 1 ist richtig

B. Nur 1 und 2 sind richtig

C. Nur 3 und 4 sind richtig

D. Nur 3 und 5 sind richtig

E. Nur 3, 4 und 5 sind richtig

13.030 13.4 Fragentyp D

Welche der folgenden Befunde eines Harnstatus sind für
eine akute Glomerulonephritis charakteristisch?

1) Mikrohämaturie

2) Positiver Proteinnachweis

3) Hyaline Zylinder

4) Positiver Nitritnachweis

5) Granulierte Zylinder

Wählen Sie bitte die zutreffende Aussagenkombination.

A. Nur 5 ist richtig

B. Nur 3 und 5 sind richtig

C. Nur 2 und 4 sind richtig

D. Nur 1, 2 und 5 sind richtig

E. Nur 1, 3 und 4 sind richtig

13.031 13.4 Fragentyp D

Welche Befunde sind verdächtig auf eine chronische Pyelonephritis bei einer "Nierenanamnese" von über 3 Monaten Dauer?

1) Mäßige Proteinurie (unter 5 g/Tag)

2) Massive Hämaturie (massenhaft Erythrocyten im Sediment)

3) Leukocyturie (über 5000 Leukocyten/ml)

4) Leukocytenzylinder im Sediment

5) Bakteriurie (über 100 000/ml)

Wählen Sie bitte die zutreffende Aussagenkombination.

A. Nur 1, 2, 3 und 4 sind richtig

B. Nur 1, 3, 4 und 5 sind richtig

C. Nur 2, 3 und 4 sind richtig

D. Nur 3, 4 und 5 sind richtig

E. Alle Aussagen sind richtig

13.032 13.4 Fragentyp A

Das Vorkommen hyaliner Zylinder im Harnsediment

A. spricht für einen Harnwegsinfekt

B. ist eine absolute Indikation zur Antibiotica-Behandlung

C. beweist eine glomeruläre Nierenerkrankung

D. spricht für einen Tubulusschaden

E. ist ein unspezifischer Befund und hat keine Konsequenzen

13.033   13.4   Fragentyp A

Wieviele Erythrocyten pro Blickfeld dürfen bei ca. 300-
facher Vergrößerung im Harnsediment eines Gesunden nachweisbar sein?

A. 0 - 3 Erythrocyten

B. 3 - 6 Erythrocyten

C. 6 - 12 Erythrocyten

D. 12 - 20 Erythrocyten

E. über 20 Erythrocyten

13.034   13.4   Fragentyp A

Welche geformten Elemente im Harnsediment können am
leichtesten einen Anlaß zur Verwechslung mit Erythrocyten geben?

A. Zylinderbruchstücke

B. Hefezellen

C. Bakterien

D. Nierenepithelien

E. Leukocyten

13.035   13.4   Fragentyp A

Die blaugrüne Verfärbung des Sangur-Streifens bei Mikrohämaturie beruht auf

A. dem Vorhandensein von Katalase im Harn

B. der Pseudoperoxidase-Wirkung des Hämoglobins

C. dem glykolytischen Abbau der Glucose in Erythrocyten

D. der Umsetzung eines Chromogens mit Nitrit

E. der sauren Reaktion des Urins

13.036   13.4   Fragentyp A

Die Feststellung einer Mikrohämaturie (asymptomatische
Erythrocyturie) hat für Arzt und Patient folgende Konsequenzen:

A. Es handelt sich um einen Normalbefund nach körperlicher Überanstrengung ohne weitere Konsequenzen

B. Der Patient muß sich einer Nierenbiopsie unterziehen

C. Es müssen ein intravenöses Pyelogramm und ein Nieren-
   szintigramm angefertigt werden

D. Es ist eine sog. "Drei-Gläser-Probe" im Morgenurin
   durchzuführen

E. Der Sedimentbefund muß in 10tägigen Abständen zwei-
   bis dreimal kontrolliert werden

13.037   13.4   Fragentyp C

Bei einem positiven Hämoglobin-Nachweis im Harn müssen
nicht in jedem Fall Erythrocyten im Sediment gefunden
werden,

weil

die Osmolalität von Harn sehr viel höher sein kann als
die Osmolalität von Plasma.

13.038   13.4   Fragentyp A

Welche Substanz ergibt mit dem Teststreifen auf Hämoglobin ebenfalls ein positives Ergebnis?

A. Bilirubin

B. Urobilinogen

C. Urobilin

D. Porphyrine

E. Myoglobin

13.039	13.4	Fragentyp A

Bei der Veraschung eines Nierensteins bleiben weniger
als 10% Glührückstand. Hauptbestandteil des Steins war

A. Harnsäure

B. Harnstoff

C. Calciumoxalat

D. Calciumcarbonat

E. Calciumphosphat

13.040	13.4	Fragentyp A

Welcher Kristall im Harnsediment hat diagnostische Bedeutung?

A. Calciumoxalat

B. Magnesium-Ammonium-Phosphat

C. Cystin

D. Urate

E. Calciumphosphat

13.041	13.4	Fragentyp A

Welche Aminosäure ist im Harn relativ schlecht löslich
und kristalliert deshalb bei Vorliegen hoher Konzentrationen in Form von typischen sechseckigen Platten aus?

A. Glycin

B. Alanin

C. Isoleucin

C. Valin

E. Cystin

13.042   13.4   Fragentyp A

Der Nachweis von Nitrit im Harn ist ein Nachweis für
Bakterien, weil

A. Bakterien im Urin zerstört werden und Nitrit frei
   wird

B. bei Entzündungen Nitrit aus den Zellen des Epithels
   der ableitenden Harnwege austritt

C. verschiedene Bakterien-Arten Nitrit produzieren

D. der Körper Nitrit zur Bakteriolyse produziert

E. bei Entzündungen von den Leukocyten im Harn Nitrat
   zu Nitrit reduziert wird

13.043   13.4   Fragentyp D

Welchen Grund kann ein negativer Nitrit-Nachweis bei
einer erwiesenen Harnwegsinfektion haben?

1) Der Erreger der Infektion bildet kein Nitrit

2) Die Nahrung des Patienten enthält zu wenig Nitrat

3) Die Harnprobe war zu kurze Zeit in der Blase

4) Der Patient ist mit Antibiotica behandelt

5) Bei einer Glucosurie von über 10 mmol/l fällt der
   Test negativ aus

Wählen Sie bitte die zutreffende Aussagenkombination.

A. Nur 1, 2, 3 und 4 sind richtig

B. Nur 2, 3, 4 und 5 sind richtig

C. Nur 1, 3, 4 und 5 sind richtig

D. Nur 1, 2, 4 und 5 sind richtig

E. Nur 1, 2, 3 und 5 sind richtig

14. Stütz- und Bewegungsapparat

Welche Nahrungsmittel dürfen vor der Bestimmung von Ge-
samt-Hydroxyprolin im Harn nicht gegessen werden?

1) Brot

2) Reis

3) Gelatine

4) Fleisch

5) Milch

Wählen Sie bitte die zutreffende Aussagenkombination.

A. Nur 1 und 2 sind richtig

B. Nur 2 und 3 sind richtig

C. Nur 3 und 4 sind richtig

D. Nur 4 und 5 sind richtig

E. Keine Aussage ist richtig

Die höhere obere Normgrenze bei der Aktivität der alkalischen Phosphatase im Serum von Kindern und Jugendlichen
beruht

A. auf der Verwendung einer optimierten Standardmethode

B. auf einer höheren Aktivität der Leberphosphatase bei
   Kindern

C. auf einer höheren Aktivität der Knochenphosphatase
   bei Kindern

D. auf der Verwendung einer höheren Reaktionstemperatur
   (37° C)

E. Keine dieser Erklärungen trifft zu

14.003   14.1   Fragentyp A

Eine erhöhte Gesamt-Calciumkonzentration im Plasma findet sich nicht bei

A. Vitamin D-Überdosierung

B. Hyperparathyreoidismus

C. Makroglobulinämie

D. Osteoporose

E. Knochen-Metastasen

14.004   14.1   Fragentyp A

Die Konzentration von anorganischem Phosphat im Serum ist erhöht bei

A. Rachitis

B. Osteomalacie

C. primärem Hyperparathyreoidismus

D. Osteoporose

E. Nierenversagen

14.005   14.1   Fragentyp D

Der primäre Hyperparathyreoidismus ist durch folgende klinisch-chemische Befunde charakterisiert:

1) Erhöhung der Phosphat-Clearance

2) Hypocalcämie und Hypercalcurie

3) Hyperphosphatämie und Hypophosphaturie

4) Hypercalciämie und Hypercalciurie

5) Verminderung der tubulären Rückresorption von Phosphat

Wählen Sie bitte die zutreffende Aussagenkombination.

A. Nur 1 und 2 sind richtig

B. Nur 1, 2 und 3 sind richtig

C. Nur 1, 4 und 5 sind richtig

D. Nur 3, 4 und 5 sind richtig

E. Alle Aussagen sind richtig

14.006   14.1   Fragentyp A

Ein erniedrigtes Gesamt-Calcium im Serum findet sich bei

A. Calciumoxalat-Steinen

B. metabolischer Acidose

C. primärem Hypoparathyreoidismus

D. chronischer Niereninsuffizienz

E. Vitamin C-Mangel (Scorbut)

14.007   14.1   Fragentyp D

Eine Erhöhung der Aktivität der alkalischen Phosphatase
im Serum kann im Zusammenhang stehen mit

1) Knochentumoren

2) Herzinfarkt

3) Rachitis

4) Choledocholithiasis

5) hämolytischer Anämie

Wählen Sie bitte die zutreffende Aussagenkombination.

A. Nur 1, 3 und 4 sind richtig

B. Nur 1, 4 und 5 sind richtig

C. Nur 2, 3 und 4 sind richtig

D. Nur 4 ist richtig

E. Nur 2 und 5 sind richtig

Bei Knochentumoren oder Knochenmetastasen liegen häufig
folgende klinisch-chemische Befunde vor:

1) Hypercalciämie und Hypercalciurie

2) Aktivitätssteigerungen der alkalischen Phosphatase

3) Aktivitätssteigerungen der sauren Phosphatase

4) Erhöhung der Hydroyprolin-Ausscheidung im Urin

5) Erhöhte Konzentration von Kreatinin und Harnstoff
   im Serum

Wählen Sie bitte die zutreffende Aussagenkombination.

A. Nur 1 ist richtig

B. Nur 1 und 2 sind richtig

C. Nur 1, 2 und 3 sind richtig

D. Nur 1, 2, 3 und 4 sind richtig

E. Alle Aussagen sind richtig

Welche Laboruntersuchungen sollten bei klinischem Verdacht auf eine progressive Muskeldystrophie durchgeführt
werden?

1) Kreatinin im Serum

2) Kreatin im Harn

3) Alaninaminotransferase (Glutamat-Pyruvat-Transaminase, GPT) im Serum

4) Kreatinkinase (CK) im Serum

5) Harnsäure im Serum

Wählen Sie bitte die zutreffende Aussagenkombination.

A. Nur 1 und 2 sind richtig

B. Nur 2 und 3 sind richtig

C. Nur 2 und 4 sind richtig

D. Nur 2 und 5 sind richtig

E. Nur 3 und 4 sind richtig

15. Liquor cerebrospinalis

<u>15.001   15.1   Fragentyp A</u>

Bei der Beurteilung des Liquors durch Betrachtung spricht
eine Xanthochromie für eine Vermehrung folgender Kenngröße

A. Erythrocytenzahl

B. Leukocytenzahl

C. Hämoglobingehalt

D. Bilirubingehalt

E. Eiweißkonzentration

<u>15.002   15.2   Fragentyp A</u>

Welche der genannten Lösungen ist das Pandy-Reagenz?

A. Wasser-gesättigtes Phenol

B. 0,6 mol/l Perchlorsäure

C. Eiskalte 20%ige Trichloressigsäure

D. Gesättigte Ammoniumsulfatlösung

E. Wasser-gesättigtes Isobutanol

<u>15.003   15.2   Fragentyp A</u>

Im normalen Liquor cerebrospinalis lumbalis ist der Ei-
weißgehalt

A. ebenso hoch wie im Serum

B. etwa halb so hoch wie im Serum

C. kleiner als 1% des Serumeiweißgehalts

D. nicht mehr nachweisbar

E. höher als im Serum

15.004   15.2   Fragentyp A

Das Gesamtprotein im Liquor wird quantitativ bestimmt

A. nach Einengung durch Unterdruckdialyse

B. mittels Elektrophorese

C. durch Immundiffusion auf Partigenplatten

D. gravimetrisch nach Gefriertrocknung

E. nach Eiweißfällung in der Kälte

15.005   15.2   Fragentyp D

Welche Proteinfraktionen sind in der Liquor-Elektrophorese eines Gesunden nachweisbar?

1) Albumin

2) Alpha 1-Globulin

3) Alpha 2-Globulin

4) Beta-Globulin

5) Prä-Albumin

6) Fibrinogen

Wählen Sie bitte die zutreffende Aussagenkombination.

A. Nur 1 und 3 sind richtig

B. Nur 1 und 5 sind richtig

C. Nur 1, 2, 3 und 4 sind richtig

D. Nur 1, 2, 3, 4 und 5 sind richtig

E. Alle Aussagen sind richtig

Welche der labordiagnostischen Kenngrößen im Liquor
sprechen für eine bakterielle Meningitis?

1) Zellzahl gering erhöht

2) Zellzahl stark erhöht

3) Vermehrung der Granulocyten

4) Vermehrung der Lymphocyten

5) Eiweiß gering erhöht (bis ca. 1 g/l)

6) Eiweiß stark erhöht

7) Glucose normal

8) Glucose erniedrigt

Wählen Sie bitte die zutreffende Aussagenkombination.

A. Nur 1, 3, 5 und 7 sind richtig
B. Nur 2, 3, 6 und 8 sind richtig
C. Nur 1, 4, 5 und 8 sind richtig
D. Nur 2, 3, 6 und 7 sind richtig
E. Nur 2, 4, 6 und 8 sind richtig

16. Vergiftungen

Die Aktivität der Cholinesterase im Serum nimmt ab bei

1) CO-Vergiftung
2) Vergiftungen mit Sedativa oder Psychopharmaka
3) chronischen Lebererkrankungen und -cirrhose
4) Vergiftungen mit organischen Phosphaten (Insekticiden)
5) akuter Alkoholvergiftung

Wählen Sie bitte die zutreffende Aussagenkombination.

A. Nur 1 ist richtig
B. Nur 1 und 5 sind richtig
C. Nur 2 und 5 sind richtig
D. Nur 3 und 4 sind richtig
E. Alle Aussagen sind richtig

Antwortenschlüssel

1. Der klinisch-chemische Befund

1.001	D	1.014	C	1.027	C
1.002	D	1.015	E	1.028	A
1.003	B	1.016	C	1.029	E
1.004	D	1.017	E	1.030	C
1.005	D	1.018	D	1.031	C
1.006	E	1.019	A	1.032	C
1.007	C	1.020	C	1.033	A
1.008	B	1.021	A	1.034	B
1.009	E	1.022	C	1.035	E
1.010	C	1.023	D	1.036	A
1.011	A	1.024	D	1.037	C
1.012	D	1.025	C	1.038	C
1.013	B	1.026	A	1.039	C

2. Allgemeine Analytik

2.001	D	2.021	C	2.040	E
2.002	D	2.022	E	2.041	E
2.003	E	2.023	E	2.042	D
2.004	D	2.024	C	2.043	D
2.005	A	2.025	A	2.044	A
2.006	B	2.026	D	2.045	C
2.007	B	2.027	C	2.046	A
2.008	C	2.028	D	2.047	B
2.009	E	2.029	C	2.048	B
2.010	A	2.030	C	2.049	C
2.011	D	2.031	A	2.050	A
2.012	C	2.032	D	2.051	B
2.013	E	2.033	A	2.052	D
2.014	E	2.034	C	2.053	A
2.015	A	2.035	E	2.054	E
2.016	D	2.036	B	2.055	A
2.017	C	2.037	C	2.056	C
2.018	B	2.038	D	2.057	D
2.019	C	2.039	B	2.058	C
2.020	E				

3. Beurteilung von Analysenergebnissen

3.001	E	3.003	A	3.005	A
3.002	E	3.004	A		

4. Proteine und Nucleinsäuren

4.001	D	4.015	D	4.029	D
4.002	D	4.016	B	4.030	B
4.003	E	4.017	D	4.031	C
4.004	D	4.018	B	4.032	B
4.005	E	4.019	C	4.033	E
4.006	E	4.020	D	4.034	B
4.007	E	4.021	A	4.035	C
4.008	D	4.022	A	4.036	A
4.009	E	4.023	B	4.037	A
4.010	D	4.024	C	4.038	D
4.011	D	4.025	D	4.039	D
4.012	D	4.026	B	4.040	A
4.013	A	4.027	D	4.041	E
4.014	B	4.028	E	4.042	B

5. Lipide und Lipoproteine

5.001	D	5.007	C	5.013	C
5.002	C	5.008	E	5.014	E
5.003	B	5.009	B	5.015	B
5.004	C	5.010	D	5.016	B
5.005	D	5.011	B	5.017	E
5.006	B	5.012	D	5.018	E

6. Kohlenhydrate

6.001	B	6.010	D	6.018	D
6.002	A	6.011	E	6.019	B
6.003	C	6.012	B	6.020	B
6.004	E	6.013	E	6.021	C
6.005	D	6.014	B	6.022	B
6.006	B	6.015	D	6.023	B
6.007	E	6.016	B	6.024	D
6.008	B	6.017	C	6.025	D
6.009	B				

Antwortenschlüssel

7. Hormone

7.001	B	7.012	B	7.023	A
7.002	C	7.013	E	7.024	C
7.003	A	7.014	C	7.025	A
7.004	D	7.015	E	7.026	C
7.005	A	7.016	A	7.027	E
7.006	C	7.017	B	7.028	C
7.007	C	7.018	C	7.029	E
7.008	C	7.019	C	7.030	E
7.009	D	7.020	A	7.031	A
7.010	B	7.021	D	7.032	D
7.011	A	7.022	B	7.033	E

8. Enzyme

8.001	A	8.018	C	8.035	A
8.002	E	8.019	E	8.036	D
8.003	C	8.020	A	8.037	B
8.004	D	8.021	D	8.038	C
8.005	E	8.022	E	8.039	C
8.006	D	8.023	D	8.040	E
8.007	A	8.024	D	8.041	A
8.008	B	8.025	B	8.042	E
8.009	B	8.026	D	8.043	C
8.010	C	8.027	C	8.044	B
8.011	C	8.028	B	8.045	D
8.012	D	8.029	C	8.046	C
8.013	C	8.030	C	8.047	E
8.014	E	8.031	A	8.048	A
8.015	A	8.032	C	8.049	C
8.016	D	8.033	B	8.050	C
8.017	B	8.034	C	8.051	A

9. Blut

9.001	D	9.013	D	9.025	C
9.002	D	9.014	C	9.026	E
9.003	C	9.015	A	9.027	C
9.004	C	9.016	B	9.028	D
9.005	C	9.017	C	9.029	C
9.006	C	9.018	D	9.030	D
9.007	E	9.019	D	9.031	C
9.008	C	9.020	C	9.032	C
9.009	C	9.021	B	9.033	B
9.010	B	9.022	A	9.034	C
9.011	B	9.023	C	9.035	C
9.012	A	9.024	D	9.036	E

Antwortenschlüssel

9.037	B	9.060	E	9.082	A
9.038	C	9.061	A	9.083	C
9.039	A	9.062	C	9.084	D
9.040	C	9.063	C	9.085	C
9.041	C	9.064	C	9.086	E
9.042	D	9.065	A	9.087	B
9.043	C	9.066	D	9.088	D
9.044	B	9.067	A	9.089	E
9.045	B	9.068	B	9.090	C
9.046	E	9.069	C	9.091	C
9.047	E	9.070	D	9.092	C
9.048	D	9.071	D	9.093	C
9.049	B	9.072	D	9.094	B
9.050	B	9.073	A	9.095	D
9.051	B	9.074	C	9.096	D
9.052	C	9.075	A	9.097	B
9.053	A	9.076	D	9.098	E
9.054	C	9.077	D	9.099	E
9.055	E	9.078	C	9.100	C
9.056	A	9.079	E	9.101	A
9.057	D	9.080	A	9.102	D
9.058	C	9.081	A	9.103	B
9.059	E				

10. Gastrointestinaltrakt

10.001	A	10.016	B	10.031	B
10.002	D	10.017	D	10.032	A
10.003	E	10.018	D	10.033	E
10.004	D	10.019	C	10.034	D
10.005	C	10.020	C	10.035	E
10.006	B	10.021	B	10.036	C
10.007	B	10.022	D	10.037	E
10.008	C	10.023	A	10.038	E
10.009	E	10.024	C	10.039	A
10.010	E	10.025	A	10.040	A
10.011	E	10.026	C	10.041	D
10.012	A	10.027	A	10.042	E
10.013	C	10.028	A	10.043	E
10.014	C	10.029	E	10.044	E
10.015	D	10.030	B	10.045	E

11. Säure-Basen-Haushalt und Blutgase

11.001	E	11.006	D	11.011	D
11.002	E	11.007	B	11.012	E
11.003	D	11.008	C	11.013	F
11.004	B	11.009	B	11.014	B
11.005	D	11.010	A	11.015	D

Antwortenschlüssel

11.016	B	11.021	A	11.026	E
11.017	A	11.022	A	11.027	B
11.018	B	11.023	C	11.028	C
11.019	E	11.024	A	11.029	D
11.020	D	11.025	E	11.030	B

12. Wasser- und Elektrolytstoffwechsel

12.001	A	12.012	D	12.023	C
12.002	D	12.013	A	12.024	B
12.003	E	12.014	A	12.025	B
12.004	D	12.015	E	12.026	C
12.005	D	12.016	B	12.027	D
12.006	C	12.017	A	12.028	E
12.007	C	12.018	E	12.029	B
12.008	B	12.019	D	12.030	A
12.009	D	12.020	B	12.031	C
12.010	E	12.021	D	12.032	B
12.011	C	12.022	E		

13. Niere und ableitende Harnwege

13.001	E	13.016	C	13.030	D
13.002	A	13.017	C	13.031	B
13.003	C	13.018	E	13.032	E
13.004	B	13.019	A	13.033	A
13.005	B	13.020	C	13.034	B
13.006	B	13.021	D	13.035	B
13.007	C	13.022	D	13.036	E
13.008	C	13.023	A	13.037	B
13.009	B	13.024	C	13.038	E
13.010	D	13.025	A	13.039	A
13.011	C	13.026	E	13.040	C
13.012	B	13.027	C	13.041	E
13.013	A	13.028	C	13.042	C
13.014	C	13.029	E	13.043	A
13.015	D				

14. Stütz- und Bewegungsapparat

14.001	C	14.004	E	14.007	A
14.002	C	14.005	C	14.008	D
14.003	D	14.006	C	14.009	C

15. Liquor cerebrospinalis

15.001 D	15.003 C	15.005 D
15.002 A	15.004 E	15.006 B

16. Vergiftungen

16.001 D

Antwortenschlüssel

**Anhang
Fragen des Instituts
für Medizinische und Pharmazeutische
Prüfungsfragen (IMPP) in Mainz**

Die in Klammern unter den Fragen
stehenden Ziffern geben Prüfungs-
jahr und -monat sowie die Fragennummer aus der betreffenden Prüfung
an. Sofern eine Frage mehrfach gestellt wurde, ist das jüngste Datum
angegeben.

A. Klinische Chemie

1. Der klinisch-chemische Befund

Zur Beurteilung der Cortisolkonzentration im Blut ist
die Kenntnis der Tageszeit der Probennahme erforderlich,

<u>weil</u>

die normale Cortisolkonzentration im Blut einem typischen Tagesrhythmus unterliegt.

(7803-088)

1.02	1.2	Fragentyp D

Entnimmt man bei einem gesunden nüchternen Erwachsenen
unter Ruheumsatzbedingungen im Abstand von einer Stunde
Blutproben und analysiert das Serum, dann erwartet man
<u>keine</u> Unterschiede außerhalb der Meßfehlergrenze bei
folgenden Kenngrößen:

(1) Kalium

(2) Natrium

(3) Bicarbonat

(4) pH

(5) Albumin

(A) nur 2 und 5 sind richtig

(B) nur 4 und 5 sind richtig

(C) nur 1, 2 und 3 sind richtig

(D) nur 1, 2 und 5 sind richtig

(E) 1 - 5 = alle sind richtig

(7903-093)

1.03	1.3/9.7.3	Fragentyp C

Eine Serumprobe, deren Bilirubingehalt gemessen werden
soll, darf vor der Analyse nicht längere Zeit dem Licht
ausgesetzt werden,

<u>weil</u>

durch Licht Bilirubin rasch in Biliverdin überführt wird,
das intensiver als Bilirubin mit diazotierter Sulfanil-
säure reagiert und somit höhere Meßwerte vortäuscht.

(7803-087)

1.04	1.3	Fragentyp A2

Unter welcher der folgenden Bedingungen ändert sich die
Bilirubinkonzentration in einer Serumprobe besonders
stark?

(A) Raumtemperatur

(B) Einfrieren

(C) Lagerung in Kunststoffröhrchen

(D) Lagerung über mehr als 3 Stunden

(E) Direkte Einwirkung von Sonnenlicht

(7709-033)

1.05   **1.3**   **Fragentyp A**

Welcher der genannten Stoffe diffundiert bei längerem
Stehen des Blutes (länger als 2 Stunden) aus den Erythrocyten in das Serum?

(A) Kalium

(B) Chlorid

(C) Natrium

(D) alkalische Phosphatase

(E) Harnstoff

(7703-052)

1.06   **1.3**   **Fragentyp D**

Geben Sie an, bei welchem der genannten Bestimmungsver-
fahren eine leichte, aber bereits sichtbare Hämolyse des
Serums die Ergebnisse verfälscht.

(1) Messung der Aktivität der Lactat-Dehydrogenase (LDH)

(2) Messung der Aktivität der sauren Phosphatase

(3) Messung der Kaliumkonzentration

(4) Messung der Aktivität der Kreatin-Kinase (CK)

(A) nur 1 ist richtig

(B) nur 2 und 4 sind richtig

(C) nur 1, 2 und 3 sind richtig

(D) nur 2, 3 und 4 sind richtig

(E) 1 - 4 = alle sind richtig

(7709-113)

1.07   1.4   Fragentyp D

Bei welcher bzw. bei welchen der folgenden Meßgrößen
erhält man im arteriellen und im venösen Blut die gleichen Ergebnisse?

(1) pH-Wert

(2) pCO_2

(3) Standardbicarbonat

(4) Basenüberschuß

(5) pO_2

(A) in keinem Fall

(B) nur bei 2

(C) nur bei 3

(D) nur bei 4 und 5

(E) nur bei 2, 3 und 4

(7503-334)

1.08   1.4   Fragentyp D

Die Untersuchung von Plasma und von Serum kann zu unterschiedlichen Ergebnissen führen bei der Bestimmung von:

(1) Kalium

(2) Lactat-Dehydrogenase (LDH)

(3) saurer Phosphatase

(4) Glutamat-Pyruvat-Transaminase (GPT)

(5) Kreatin-Kinase (CK)

(A) nur 1 ist richtig

(B) nur 2 und 3 sind richtig

(C) nur 1, 2 und 3 sind richtig

(D) nur 1, 2, 3 und 4 sind richtig

(E) 1 - 5 = alle sind richtig

(8003-109)

2. Klinisch-chemische Analytik

2.01	2.3	Fragentyp A

Welche Aussage trifft zu?
Die Dimension der Extinktion ist

(A) %

(B) ‰

(C) cm^2/Mol

(D) Mol/l

(E) Die Extinktion ist eine dimensionslose Größe

(7503-336)

2.02	2.3	Fragentyp D

Bei Bestimmungen von Substratkonzentrationen mit Hilfe
eines Standards sind für die Konzentrationsberechnung
folgende Größen erforderlich:

(1) Konzentration des Standards

(2) Extinktion der Probe

(3) Extinktion des Standards

(4) Extinktionskoeffizient

(A) nur 1 und 4 sind richtig

(B) nur 2 und 3 sind richtig

(C) nur 3 und 4 sind richtig

(D) nur 1, 2 und 3 sind richtig

(E) 1 - 4 = alle sind richtig

(7903-092)

2.03   2.6   Fragentyp A3

Welche Aussage trifft <u>nicht</u> zu?

(A) Systematische Fehler werden durch die Richtigkeitskontrolle entdeckt.

(B) Zufällige Fehler sind unvermeidbar.

(C) Grobe Fehler können weitgehend durch sorgfältiges Arbeiten vermieden werden.

(D) Zufällige Fehler beeinflussen die Größe der Standardabweichung.

(E) Systematische Fehler vermindern die Präzision der mit einer Methode erhaltenen Meßwerte.

(7803-060)

2.04   2.6   Fragentyp D

Ursachen für einen systematischen Fehler in einer Meßserie können sein:

(1) Verwendung einer verunreinigten Eichsubstanz

(2) zu niedrige Einstellung der Wasserbadtemperatur

(3) fehlerhafte Einstellung des Photometernullpunktes

(4) Verwendung einer fehlerhaften Pipette zum Abmessen der Probevolumina, wenn die Ergebnisse über den Extinktionskoeffizienten berechnet werden.

(A) nur 1 und 3 sind richtig

(B) nur 2 und 4 sind richtig

(C) nur 1, 2 und 3 sind richtig

(D) nur 1, 3 und 4 sind richtig

(E) 1 - 4 = alle sind richtig

(8003-108)

2.05   2.6   Fragentyp C

Fehler bei der Abnahme einer Blutprobe werden durch die statistische Qualitätskontrolle erfaßt,

<u>weil</u>

die statistische Qualitätskontrolle einen Überblick über alle Arbeitsgänge von der Probenahme bis zur Berechnung des Ergebnisses gibt.

(7909-063)

2.06 2.08		
2.07	2.7	Fragentyp B

Ordnen Sie den Zuverlässigkeitskriterien einer Methode
(Liste 1) die richtige Erklärung der Liste 2 zu.

Liste 1   Liste 2

2.06 Präzision   (A) Ausdruck für die ausschließ-
                            liche Erfassung der zu be-
2.07 Spezifität   stimmenden Substanz

2.08 Richtigkeit   (B) Ausdruck für die Feststel-
                            lung einer bestimmten Er-
                            krankung

                        (C) Ausdruck für die Plausibi-
                            lität eines Wertes

                        (D) Ausdruck für die Überein-
                            stimmung zwischen wahrem
                            Wert und Meßwert

                        (E) Ausdruck für die Streuung
                            von Wiederholungsanalysen

(7809-081/082/083)

2.09	2.7	Fragentyp A

Welche Aussage trifft zu?
Mit dem Begriff "Präzision" charakterisiert man die Eigenschaften einer Meßmethode hinsichtlich

(A) des "Auflösungsvermögens" in niedrigen Konzentrations-
    bereichen

(B) der Größe der Streuung bei mehreren Messungen an ver-
    schiedenen Tagen aus der gleichen Probe

(C) der Spezifität, um den gesuchten Bestandteil zu er-
    fassen

(D) der Abweichung der Meßwerte vom Sollwert

(E) Keine der Definitionen ist richtig

(7703-053)

2.10	2.8	Fragentyp C

Richtigkeitskontrollproben für die statistische Qualitätskontrolle dürfen als Standard zur Berechnung von
Analysenergebnissen herangezogen werden,

weil

bei den Richtigkeitskontrollproben Zusammensetzung und
Konzentration bzw. Aktivität bekannt sind.

(7809-094)

2.11	2.8	Fragentyp A3

Welche der folgenden Aussagen trifft nicht zu?
Die Überwachung der Analytik mit Richtigkeitskontrollen
kann verwendet werden

(A) zur Kontrolle über den gesamten Untersuchungsbereich

(B) zum Feststellen einer Änderung der Nachweisgrenze

(C) zum Ausschalten von bewußten oder unbewußten Täu-
schungen durch den Analytiker

(D) zum Erkennen der Einflüsse von Nebenbestandteilen

(E) zum Erkennen systematischer Fehler

(7903-049)

2.12	2.8	Fragentyp A

In welcher Größenordnung liegt der Fehler, wenn eine
Enzymaktivitätsbestimmung fälschlich bei $+23^\circ$ C statt
bei $+25^\circ$ C ausgeführt wurde?

(A)   1%

(B)   2%

(C)   8%

(D)   20%

(E)   50%

(8003-037)

3. Befundstellung aus Analysenergebnissen

3.01   3.3   Fragentyp A

Welche Aussage trifft zu?
Die Longitudinalbeurteilung von Analysenergebnissen ermöglicht

(A) den Vergleich eines oder mehrerer Meßergebnisse an
    einem Patienten mit früheren Meßergebnissen an dem-
    selben Patienten

(B) die Beurteilung der prognostischen Wertigkeit von
    Meßergebnissen

(C) die Beurteilung der Lage eines Meßergebnisses in
    einem vorgegebenen Präzisionsbereich

(D) die retrospektive Beurteilung der Richtigkeit von
    Meßergebnissen über einen längeren Zeitraum

(E) die Ermittlung der Präzision einer Methode von Tag
    zu Tag

(7709-035)

4. Proteine und Nucleinsäuren

4.01	4.2	Fragentyp A

Geben Sie an, welcher der genannten Tests die größte Aussagekraft zur Sicherung der Verdachtsdiagnose "Leberzirrhose" besitzt.
Bestimmung der

(A) BSG

(B) elektrophoretischen Trennung der Serumproteine

(C) LDH (Lactat-Dehydrogenase)

(D) CK (Kreatin-phosphokinase)

(E) Amylase

(7803-050)

4.02 4.04 4.03	4.2	Fragentyp B

Ordnen Sie den Elektrophorese-Befunden (Liste 1) das jeweils in Frage kommende Krankheitsbild (Liste 2) zu.

Liste 1

4.02

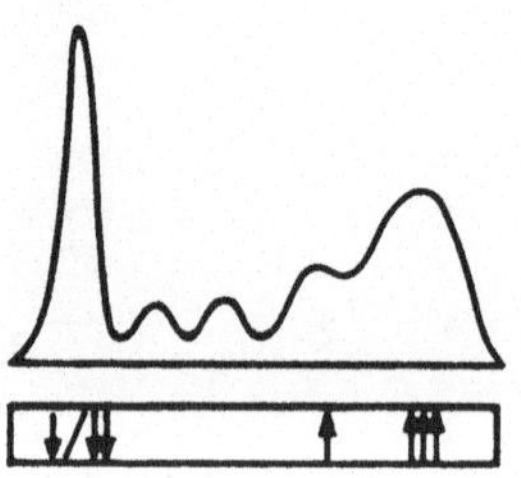

Albumin vermindert,
Gammaglobuline stark
erhöht

(7703-074)

Liste 2

(A) nephrotisches Syndrom

(B) akute Entzündung

(C) Lebercirrhose

(D) Hyperlipoproteinämie

(E) Antikörpermangelsyndrom

4.03

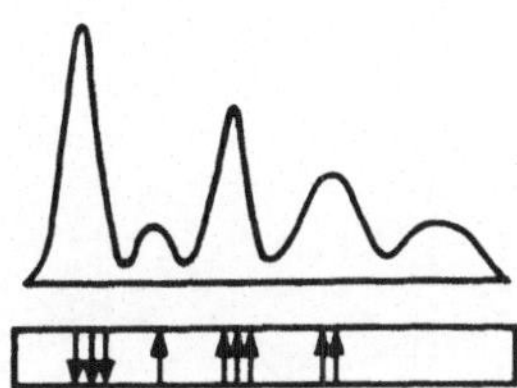

Albumin stark vermin-
dert, Alpha 2- und
Betaglobuline deutlich
erhöht

(7703-075)

4.04

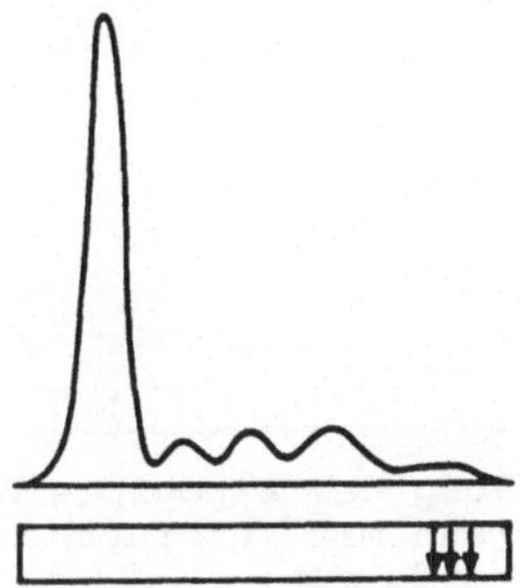

Gammaglobuline stark ver-
mindert

(7703-076)

5. *Lipide und Lipoproteine*

5.01   **5.0**   Fragentyp C

Die Darstellung der Lipoproteine in der Lipoproteinelek-
trophorese kann mit Fettfarbstoffen (z.B. Ölrot und Su-
danschwarz) erfolgen,

<u>weil</u>

die Apoproteine mit Fettfarbstoffen spezifisch reagieren.

(7703-087)

5.02   **5.3**   Fragentyp C

Die Auftrennung der Lipoproteine des Plasmas kann durch
Elektrophorese erfolgen,

<u>weil</u>

die Lipoproteine infolge unterschiedlicher Apolipopro-
tein-Zusammensetzung verschiedene Wanderungsgeschwindig-
keiten im elektrischen Feld haben.

(7809-092)

6. *Kohlenhydrate*

6.01   6.2   Fragentyp D

Prüfen Sie bitte folgende Aussagen über die Glucosebestimmung im Urin:

(1) Die polarimetrische Messung ist der enzymatischen an Spezifität überlegen.

(2) Glucose dreht die Schwingungsebene des polarisierten Lichtes konzentrationsabhängig.

(3) Bei der enzymatischen Glukosebestimmung stören eine Reihe von Medikamenten, hauptsächlich Antibiotika.

(4) Jeder Urin muß vor der polarimetrischen Messung durch einen Kohlefilter filtriert werden.

(A) nur 1 und 3 sind richtig

(B) nur 2 und 4 sind richtig

(C) nur 1, 2 und 3 sind richtig

(D) nur 2, 3 und 4 sind richtig

(E) 1 - 4 = alle sind richtig

(7503-341)

6.02   6.4   Fragentyp A

Mit welchem der folgenden Verfahren kann der potentielle Diabetes mellitus erfaßt werden?

(A) Bestimmung des Nüchternblutzuckers

(B) Bestimmung der postprandialen Glucosekonzentration im Blut

(C) oraler Glucosetoleranztest

(D) Tolbutamidtest

(E) mit keinem der Verfahren

(7809-041)

Eine Stunde nach oraler Glucosebelastung mit 100 g
Glucose (Glucosetoleranztest) zeigt der Gesunde

(1) einen Anstieg der Glucosekonzentration auf mehr
    als 6,7 mmol/l (120 mg/100 ml)

(2) einen Anstieg der Glucosekonzentration von weniger
    als 10 mmol/l (180 mg/100 ml)

(3) keine Änderung der Insulinkonzentration

(4) einen Anstieg der Insulinkonzentration auf mehr
    als das Doppelte des Nüchternruhewertes

(5) eine Glucosurie

(A) nur 2 und 4 sind richtig

(B) nur 4 und 5 sind richtig

(C) nur 1, 2 und 4 sind richtig

(D) nur 1, 3 und 5 sind richtig

(E) nur 1, 2, 4 und 5 sind richtig

(7903-094)

Tolbutamid eignet sich zur Prüfung der Sekretionskapazi-
tät der B-Zellen der Langerhansschen Inseln,

weil

die nach Tolbutamidinjektion auftretende Hyperglykämie
einen starken Reiz für die Insulinsekretion darstellt.

(7809-093)

7. *Hormone*

7.01 7.03
7.02   7.1   Fragentyp B
____

Ordnen Sie den folgenden Hormonen (Liste 1) das zu ihrer
Erfassung verwendete Verfahren (Liste 2) zu.

Liste 1   Liste 2

7.01 17-Ketosteroide   (A) Farbreaktion nach Zimmer-
                                     mann
7.02 Cortisol
                                 (B) Pandyreaktion
7.03 Choriongonado-
     tropin   (C) kompetitive Proteinbildung

                                 (D) Latexagglutinationstest

                                 (E) T_4-Test

(7703-069/070/071)

7.04   7.1   Fragentyp D
____

Zur radioimmunologischen Bestimmung von Insulin im Plasma gehören folgende Schritte:

(1) Zusatz von radioaktiv markiertem Insulin

(2) Extraktion des Hormons aus dem Plasma

(3) Reinigung des Insulinextraktes

(4) Inkubation mit Insulin-Antiserum

(5) Trennung von freiem und antikörpergebundenem
    Insulin

(A) nur 1, 2 und 3 sind richtig

(B) nur 1, 4 und 5 sind richtig

(C) nur 2, 3 und 4 sind richtig

(D) nur 1, 2, 4 und 5 sind richtig

(E) 1 - 5 = alle sind richtig

(7709-114)

7.05   7.1   Fragentyp A

Der radioimmunologischen Insulinbestimmung liegt zugrunde eine

(A) Messung der Aufnahme von radioaktiver Glucose in
    Erythrozyten

(B) Messung der Radioaktivitätsverteilung nach Injek-
    tion von radioaktivem Insulin

(C) Antigen-Antikörper-Reaktion unter Verwendung von
    radioaktivem Insulin

(D) aktive Immunisierung von Kaninchen mit radioaktivem
    Insulin

(E) Hämagglutinationsreaktion

(7903-033)

7.06   7.1   Fragentyp C

Cortisol wird bei der Bestimmung der 17-Ketosteroide
nach Zimmermann nicht erfaßt,

weil

Cortisol am Kohlenstoffatom 17 keine Keto-Gruppe besitzt.

(7903-068)

7.07   7.3   Fragentyp A2

Geben Sie an, welches der genannten Untersuchungsverfahren die größte Aussagekraft zur Sicherung der Verdachtsdiagnose "Nebennierenrindeninsuffizienz" besitzt. Bestimmung der

(A) Leukozytenzahl im Blut

(B) Natriumkonzentration im Serum

(C) Kaliumkonzentration im Serum

(D) Cortisolkonzentration im Plasma vor und nach
    ACTH-Stimulation

(E) Kreatininkonzentration im Serum

(7703-047)

7.08   7.3   Fragentyp A

Welche Aussage trifft zu?
Die 4-Hydroxy-3-methoxymandelsäure im Urin ist ein Abbauprodukt von

(A) Serotonin

(B) Prostaglandin

(C) Melatonin

(D) Noradrenalin

(E) Histidin

(7503-342)

7.09   7.3   Fragentyp A

Geben Sie an, welches der genannten Untersuchungsverfahren die größte Aussagekraft zur Sicherung der Verdachtsdiagnose "Hyperthyreose" besitzt.
Bestimmung der

(A) Thyroxinkonzentration im Serum (T_3-Test)

(B) GOT-Aktivität im Serum

(C) Natriumkonzentration im Serum

(D) Cholesterinkonzentration im Serum

(E) Triglyceridkonzentration im Serum

(7703-049)

8. Enzyme

8.01   8.1   Fragentyp D

Zur Messung der Alanin-Aminotransferase (Glutamat-Pyruvat-Transaminase, GPT) im UV-Test sind erforderlich:

(1) Lactat

(2) red. Nicotinamid-Adenin-Dinucleotidphosphat (NADPH)

(3) L-Alanin

(4) α-Ketoglutarat

(5) Lactat-Dehydrogenase (LDH)

(A) nur 1 und 2 sind richtig

(B) nur 3 und 4 sind richtig

(C) nur 1, 2 und 3 sind richtig

(D) nur 3, 4 und 5 sind richtig

(E) nur 1, 2, 3 und 5 sind richtig

(7809-120)

8.02   8.1   Fragentyp C

Bei hohen Enzymaktivitäten muß Serum für die Messung unter Standardbedingungen verdünnt werden,

weil

---

bei der Messung von hohen Enzymaktivitäten unter Standardbedingungen nicht die Enzymaktivität, sondern die Substratkonzentration den Substratumsatz limitiert.

(7903-069)

8.03
8.04   8.2   Fragentyp B

Welche klinisch-chemische Kenngröße der Liste 1 gibt jeweils Auskunft über die in Liste 2 aufgeführten Funktionen bzw. morphologischen Veränderungen der Leber?

<u>Liste 1</u>   <u>Liste 2</u>

8.03 GLDH-Aktivität   (A) Proteinsynthese der Leber
     im Serum
                             (B) nekrotischer Leberzellschaden
8.04 Cholinesterase-
     Aktivität im   (C) leichter Leberzellschaden
     Serum
                             (D) Kohlenhydratstoffwechsel

                             (E) Exkretionsfunktion der Leber

(8003-051/052)

8.05   8.2   Fragentyp A3
____

Welche Aussage trifft <u>nicht</u> zu?
Eine Erhöhung der Aktivität der alkalischen Serumphos-
phatase findet sich bei folgenden Erkrankungen bzw. Zuständen:

(A) Hyperparathyreoidismus

(B) Verschlußikterus

(C) Fettleber

(D) Schwangerschaft im letzten Trimenon

(E) Rachitis

(7903-048)

8.06   8.4   Fragentyp A
____

Sie haben Serum eines Patienten untersucht und folgende
Analysenergebnisse ermittelt:

                                              obere Norm-
                                              grenze

Aspartat-Aminotransferase (GOT)   180 U/l   17 U/l
Alanin-Aminotransferase (GPT)   450 U/l   23 U/l
Alkalische Phosphatase   160 U/l   190 U/l
Lactat-Dehydrogenase (LDH)   200 U/l   200 U/l
Kreatin-Kinase (CK)   45 U/l   50 U/l
Gesamt-Bilirubin   3,2 mg/100ml 1,4 mg/100 ml

Geben Sie an, für welche der aufgeführten Erkrankungen
diese Befundkonstellation charakteristisch ist.

(A) Verschlußikterus

(B) Herzinfarkt

(C) Leberzirrhose

(D) Virushepatitis

(E) hämolytische Anämie

(7903-037)

8.07   8.5   Fragentyp D

Folgende Eigenschaften der LDH-Isoenzyme können für den
Nachweis im Serum genutzt werden:

(1) die unterschiedlichen physikalisch-chemischen Eigen-
    schaften

(2) die unterschiedliche Substratspezifität

(3) die unterschiedliche Hemmbarkeit

(4) die unterschiedliche Antigenität

(A) nur 2 ist richtig

(B) nur 1 und 2 sind richtig

(C) nur 1 und 3 sind richtig

(D) nur 2, 3 und 4 sind richtig

(E) 1 - 4 = alle sind richtig

(7909-110)

8.08   8.5   Fragentyp D

Geben Sie die Erkrankungen an, bei denen die Aktivität
der Isoenzyme LDH 1 und LDH 2 stärker ansteigt als die
des Isoenzyms LDH 5.

(1) Virushepatitis

(2) Herzinfarkt

(3) hämolytische Anämie

(4) perniziöse Anämie

(A) nur 1 und 2 sind richtig

(B) nur 3 und 4 sind richtig

(C) nur 1, 2 und 3 sind richtig

(D) nur 2, 3 und 4 sind richtig

(E) 1 - 4 = alle sind richtig

(7709-112)

8.09   8.5   Fragentyp D

Bei welchen der genannten Erkrankungen liefert die Aktivitätsbestimmung der LDH-Isoenzyme im Serum diagnostische Hinweise?

(1) Herzinfarkt

(2) Virushepatitis

(3) akute Pankratitis

(4) Prostatakarzinom

(5) hämolytische Anämie

(A) nur 1 ist richtig

(B) nur 1 und 5 sind richtig

(C) nur 1, 2 und 3 sind richtig

(D) nur 2, 3 und 4 sind richtig

(E) 1 - 5 = alle sind richtig

(7909-106)

8.10   8.5   Fragentyp C

Wird LDH im Normalbereich gefunden, liefert die α-HBDH-Bestimmung keine zusätzlichen Informationen,

weil

LDH 1 die größte α-HBDH-Aktivität hat.

(8003-067)

9. Blut

9.01	9.6.1	Fragentyp A

Im Blutausstrich (Färbung nach Pappenheim) finden Sie
Zellen mit folgenden morphologischen Eigenschaften:

Zelldurchmesser etwa 16-22 µm.
Zellen oft nicht rund, sondern
unregelmäßig begrenzt.

Zellkern gelappt, eingebuchtet
oder stabförmig, blaß rotviolet
gefärbt; feine Chromatinstruktur.

Protoplasma taubenblau bis grau.
Granula - wenn vorhanden - sehr
fein, in dichten Wolken, violett
gefärbt.

Um welche Zellart handelt es sich?

(A) Myeloblast

(B) Promyelozyt

(C) Myelozyt

(D) Lymphozyt

(E) Monozyt

(7809-044)

9.02	9.6.1	Fragentyp A

Im Blutausstrich (Färbung nach Pappenheim) finden Sie
Zellen mit folgenden morphologischen Eigenschaften:

Zelldurchmesser etwa 12 µm.

Zellkern rund oder seltener leicht
eingebuchtet, rotviolett gefärbt;
dichtes Chromatinnetz.

Protoplasma klar blau.

Granula fehlen meist; nur in etwa
20% der Zellen vereinzelte, feine,
scharf begrenzte, violette Granula
mit hellem Hof.

Um welche Zellart handelt es sich?

(A) Myeloblast

(B) Myelozyt

(C) Monozyt

(D) Lymphozyt

(E) Plasmazelle

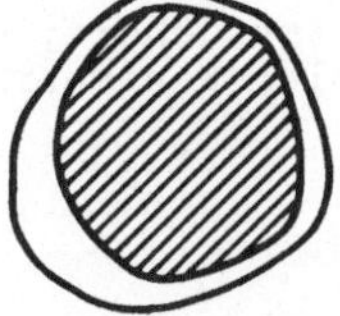

Erythrozyt zum
Größenvergleich

(7803-049)

9.03	9.7.3	Fragentyp A

Welche Aussage trifft zu?
Ein prähepatischer Ikterus ist gekennzeichnet durch

(A) fehlende Bilirubinausscheidung in die Gallenkapil-
laren

(B) vermehrtes indirektes Bilirubin im Urin

(C) erhöhtes direktes Bilirubin im Blut bei normalem
Gesamtbilirubin

(D) erhöhtes Gesamtbilirubin im Blut bei erhöhtem direk-
tem Bilirubin

(E) erhöhtes Gesamtbilirubin im Blut bei erhöhtem indi-
rektem Bilirubin

(7709-038)

9.04	9.8.1	Fragentyp A3

Welche Aussage trifft nicht zu?
Die Blutgerinnung läßt sich verhindern durch

(A) Abzentrifugieren der Plättchen

(B) Citratzusatz

(C) Komplexbindung von Calciumionen

(D) Ausfällen von Calciumionen

(E) Hemmung von Thrombin

(7503-339)

9.05   9.8.2   Fragentyp D

Zum Prinzip des Quick-Testes gehört, daß im Testansatz
folgende Stoffe in optimaler Konzentration enthalten
sind:

(1) Thromboplastin

(2) Calciumionen

(3) Fibrinogen

(4) Prothrombin

(A) nur 4 ist richtig

(B) nur 1 und 2 sind richtig

(C) nur 2 und 3 sind richtig

(D) nur 2 und 4 sind richtig

(E) nur 1, 3 und 4 sind richtig

(7909-107)

9.06   9.8.2   Fragentyp D

Mit dem Quick-Test werden erfaßt:

(1) Faktor VII

(2) Faktor IX

(3) Faktor V

(4) Faktor II (Prothrombin)

(5) Faktor I (Fibrinogen)

(A) nur 1, 2 und 4 sind richtig

(B) nur 1, 3 und 5 sind richtig

(C) nur 2, 3 und 4 sind richtig

(D) nur 1, 3, 4 und 5 sind richtig

(E) 1 - 5 = alle sind richtig

(8003-107)

9.07   9.8.2   Fragentyp D

Mit der Partiellen Thromboplastinzeit (PTT) werden folgende Gerinnungsfaktoren erfaßt:

(1) Plättchenfaktor 3

(2) Faktor XII

(3) Faktor X

(4) Faktor VIII

(5) Faktor VII

(A) nur 1 und 3 sind richtig

(B) nur 4 und 5 sind richtig

(C) nur 2, 3 und 4 sind richtig

(D) nur 1, 2, 3 und 4 sind richtig

(E) nur 1, 2, 3 und 5 sind richtig

(7709-115)

9.08   9.8.2   Fragentyp A

Welche Aussage trifft zu?
Typisch für eine Hämophilie A ist eine

(A) verlängerte Thromboplastinzeit (Quick)

(B) verlängerte partielle Thromboplastinzeit (PTT)

(C) verlängerte Blutungszeit

(D) verlängerte Thrombinzeit (PTZ)

(E) verkürzte Rekalzifizierungszeit

(7809-043)

9.09   9.8.2   Fragentyp D

Bei welcher der genannten Veränderungen ist die Thrombinzeit verlängert?

(1) bei Hypo- bis Afibrinogenämie

(2) bei Dicumaroltherapie

(3) bei Vorliegen hochmolekularer Fibrin- oder Fibrinogen-
    spaltprodukte

(4) bei Vermehrung des endogenen Heparins

(5) bei therapeutischer Hyperfibronolyse

(A) nur 1 und 5 sind richtig

(B) nur 3 und 4 sind richtig

(C) nur 1, 2 und 3 sind richtig

(D) nur 1, 3, 4 und 5 sind richtig

(E) 1 - 5 = alle sind richtig

(7909-109)

9.10   9.8.2   Fragentyp D

Geben Sie an, wie Heparin in therapeutischen Dosen in
die Hämostasemechanismen eingreift.

(1) Heparin hemmt die Thrombozytenaggregation.

(2) Heparin hemmt die Aggregation der Fibrinmonomere
    zu Fibrinsträngen.

(3) Heparin beschleunigt als Cofaktor von Antithrombin
    III die Inaktivierung von Thrombin.

(4) Heparin katalysiert die Adsorption von Thrombin
    an Fibrin.

(A) nur 1 ist richtig

(B) nur 2 ist richtig

(C) nur 1 und 3 sind richtig

(D) nur 2 und 3 sind richtig

(E) nur 1, 3 und 4 sind richtig

(7909-108)

9.11   9.8.2   Fragentyp A

Der geeignetste Gerinnungstest zur Überwachung einer
Heparintherapie ist

(A) partielle Thromboplastinzeit (PTT)

(B) Plasmathrombinzeit (PTZ)

(C) Thromboplastinzeit (Quick)

(D) Fibrinogenbestimmung

(E) Blutungszeit

(7803-048)

9.12   9.8.2   Fragentyp A

Mit welchem Test wird üblicherweise die Therapie mit
Cumarinderivaten kontrolliert?

(A) Quantitative Fibrinogenbestimmung

(B) Recalcifizierungszeit

(C) Thrombinzeit

(D) Quick-Test

(E) Prothrombin-Verbrauchstest

(7709-037)

9.13		
9.14	9.8.2	Fragentyp B

Ordnen Sie die hämostaseologischen Untersuchungsergebnisse (Liste 2) den entsprechenden Krankheitsbildern
(Liste 1) zu:

Liste 1

9.13 Angiopathie

9.14 Faktor VIII-
Mangel
(Hämophilie A)

Liste 2

(A) pathologischer Quicktest,
normale Thrombinzeit

(B) pathologische Partielle
Thromboplastinzeit (PTT),
normale Thrombinzeit

(C) pathologische Thrombinzeit,
normale Thrombozytenzahl

(D) pathologische Rekalzifizierungszeit, normale Partielle
Thromboplastinzeit (PTT)

(E) pathologische Blutungszeit,
normale Thrombozytenzahl und
Thrombozytenfunktion

(7903-055/056)

9.15	9.8.2	Fragentyp A

Welche Aussage trifft zu?
Die Befundkonstellation

Partielle Thromboplastinzeit (PTT)	normal
Quick-Test	unter 10%
Thrombinzeit	normal

ist charakteristisch für einen Mangel an

(A) Faktor X

(B) Faktor V

(C) Faktor II (Prothrombin)

(D) Faktor VII

(E) Faktor I (Fibrinogen)

(7809-042)

9.16   9.8.2   Fragentyp A

Welche Aussage trifft zu?
Bei einer Gerinnungsanalyse spricht die Befundkombination

Quicktest:	pathologisch
partielle Thromboplastinzeit (PTT):	verlängert
Thrombinzeit:	normal

für

(A) Heparinämie von mehr als 1 E Heparin/ml Blut

(B) Vitamin K-Mangel

(C) Hämophilie A

(D) Angeborener Faktor IX-Mangel

(E) Faktor VII-Mangel

(7703-051)

9.17   9.8.2   Fragentyp D

Die Befundkonstellation

Partielle Thromboplastinzeit (PTT)	pathologisch
Thrombinzeit	normal

findet man bei Mangel an Faktor

(1) VIII

(2) IX

(3) XII

(4) XI

(5) I (Fibrinogen)

(A) nur 1 und 2 sind richtig

(B) nur 3 und 4 sind richtig

(C) nur 1, 2 und 4 sind richtig

(D) nur 1, 2, 3 und 4 sind richtig

(E) nur 1, 2, 3 und 5 sind richtig

(7703-119)

9.18	9.8.2	Fragentyp A

Woran würden Sie bei einer verlängerten partiellen
Thromboplastinzeit (PTT) bei normaler Thromboplastinzeit (Quick) zuerst denken?

(A) Mangel an Faktor VIII

(B) Thrombasthenie

(C) Mangel an Faktor V und VII

(D) Dysfibrinogenämie

(E) Einfluß einer Cumarintherapie

(8003-035)

9.19	9.9	Fragentyp A

Welche Antwort trifft zu?
Geben Sie an, welche Befundkonstellation Sie bei primärer Hyperfibrinolyse erwarten.

Ant-wort	Fibrinogen-konzentra-tion	Thrombo-cytenzahl	Fibrin- bzw. Fibrinogen-spaltprodukte	Euglobulin-(Gerinnsel)-Lyse-Zeit
(A)	vermindert	vermindert	nicht nach-weisbar	normal
(B)	vermindert	normal	nicht nach-weisbar	normal
(C)	normal	normal	nicht nach-weisbar	normal
(D)	vermindert	vermindert	nachweisbar	pathologisch
(E)	vermindert	normal	nachweisbar	pathologisch

(7503-340)

9.20	9.9	Fragentyp A

Bei dem schematisch dargestellten Thrombelastogramm
(TEG) besteht Verdacht auf

(A) Hyperfibrinolyse

(B) Thrombozytopathie

(C) Hämophilie A

(D) Thrombozytopenie

(E) Afibrinogenämie

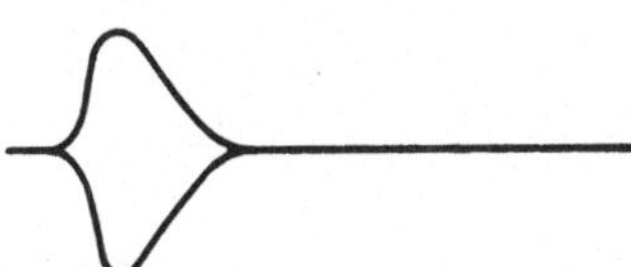

(7903-032)

Geben Sie an, welche Befundkonstellation Sie bei Verbrauchskoagulopathie erwarten.

	Fibrinogen-konzentration	Thrombozyten-zahl	Fibrin- bzw. Fibrinogen-spaltprodukte
(A)	vermindert	vermindert	nicht nachweisbar
(B)	vermindert	normal	nicht nachweisbar
(C)	normal	normal	nicht nachweisbar
(D)	vermindert	vermindert	nachweisbar
(E)	vermindert	normal	nachweisbar

(7703-050)

10. *Gastrointestinaltrakt*

10.01	10.1	Fragentyp C

Die Messung der HCl-Sekretion des Magens nach Pentaga-
strininjektion ist ein geeignetes Testverfahren zur Prüfung des Säuresekretionsvermögens,

__weil__

Pentagastrin die Belegzellen zu maximaler Säuresekretion anregt.

(7803-090)

10.02 10.04		
10.03	10.2/6.4/10.5	Fragentyp B

Zu jeder der aufgeführten Organleistungen (Liste 1) ordnen Sie bitte den Test aus Liste 2 zu, mit dem die Organ-
leistung geprüft werden kann.

__Liste 1__

__Liste 2__

10.02 Absorptions-
fähigkeit der
Mucosazellen
des Dünndarms

10.03 Insulinsekre-
tion des endo-
krinen Pancreas

10.04 Leberfunktion

(A) Tolbutamidbelastung

(B) Galactosebelastung

(C) Xylosebelastung

(D) Lactosebelastung

(E) keiner der genannten Tests

(7503-344/345/346)

10.05   10.2   Fragentyp A2

Welcher der folgenden Belastungstests eignet sich am
besten zur Erfassung von Resorptionsstörungen von Monosacchariden?

(A) Xylosebelastung

(B) Galaktosebelastung

(C) Orale Glucosebelastung

(D) Lactosebelastung

(E) Schilling-Test

(7709-034)

10.06   10.2   Fragentyp A

Meßgröße bei der Xylosebelastung ist

(A) die Xyloseausscheidung im Stuhl

(B) die Xyloseausscheidung im Urin

(C) die Glucoseausscheidung im Urin

(D) der Glucoseanstieg im Blut

(E) der Xylitanstieg im Blut

(7709-036)

10.07   10.2   Fragentyp A

Welche Aussage trifft zu?
Mit der Lactosebelastung diagnostiziert man

(A) chronische Lebererkrankungen

(B) Resorptionsstörungen von Monosacchariden

(C) den subklinischen Diabetes mellitus

(D) die Fettleber

(E) den Lactasemangel des Darmes

(7903-035)

10.08   10.3   Fragentyp D

Ein positiver Nachweis von Hämoglobin im Stuhl mit der
o-Tolidinprobe (früher Benzidinprobe) weist nur dann
auf eine Blutung im Bereich des Magen-Darm-Traktes hin,
wenn folgende Störmöglichkeit(en) ausgeschlossen ist/sind:

(1) Hämoglobin bzw. Myoglobin aus der Nahrung (Fleisch, Fisch)

(2) Zahnfleischblutung

(3) Nasenbluten

(4) erhöhte Koproporphyrinausscheidung

(5) Gebrauch von Abführmitteln

(A) nur 1 ist richtig

(B) nur 1 und 5 sind richtig

(C) nur 1, 2 und 3 sind richtig

(D) nur 1, 2, 3 und 5 sind richtig

(E) 1 - 5 = alle sind richtig

(7703-120)

10.09   10.5   Fragentyp A

Geben Sie an, welches der genannten Untersuchungsverfahren die größte Aussagekraft zur Sicherung der Verdachtsdiagnose Verschlußikterus besitzt.

(A) Bestimmung der α-Amylase

(B) Bestimmung von Bilirubin im Serum

(C) elektrophoretische Trennung der Serumproteine

(D) Bestimmung der alkalischen Phosphatase

(E) Bestimmung von Bilirubin im Harn

(7809-045)

10.10   10.5   Fragentyp D

Prüfen Sie bitte folgende Aussagen über den Bromthaleintest als Leberfunktionsprobe:

(1) Meßgröße ist die Ausscheidung des Bromthaleins im Urin.

(2) Bromthalein wird von der Leberzelle aufgenommen, glucuroniert und wieder in die Blutbahn gegeben.

(3) Vor Beginn des Tests muß die Blase entleert werden.

(A) Keine der Aussagen trifft zu.

(B) nur 1 ist richtig

(C) nur 1 und 2 sind richtig

(D) nur 1 und 3 sind richtig

(E) 1 - 3 = alle sind richtig

(7903-089)

10.11 10.5 Fragentyp D

Geben Sie an, welche der genannten Erkrankungen bzw.
Symptome Kontraindikationen für den Bromthalein (BSP)-
Test darstellen.

(1) Bilirubinkonzentration im Serum über 34 µmol/l
    (2,0 mg/100 ml)

(2) allergische Erkrankungen

(3) unmittelbar vorhergehende Kontrastmitteldarstellung
    der Gallenwege

(4) erhöhte Aktivität der Alanin-Aminotransferase (GPT)
    im Serum

(5) eingeschränkte Nierenfunktion

(A) nur 1 und 3 sind richtig

(B) nur 1, 2 und 3 sind richtig

(C) nur 2, 4 und 5 sind richtig

(D) nur 1, 3, 4 und 5 sind richtig

(E) 1 - 5 = alle sind richtig

(8003-106)

11. Säure-Basen-Haushalt und Blutgase

11.01   **11.2**   Fragentyp A

Welche Aussage trifft zu?
Die aktuelle Konzentration des Plasmabicarbonats

(A) erlaubt eine Aussage über den alveolären Gas-
   austausch

(B) ist stark abhängig vom P_{CO_2}

(C) ist immer vermindert, wenn der pH ansteigt

(D) ist stark abhängig vom Hb-Gehalt

(E) ist ein Maß für die Konzentration der freien Kohlensäure im Plasma

(7809-040)

11.02   **11.2**   Fragentyp A

Bei einem Patienten wurden ein erhöhtes Standardbicarbonat, ein stark positiver Basenüberschuß und ein normaler
$PaCO_2$ gefunden.
Welche der genannten Störungen liegt vor?

(A) eine nicht-respiratorische (metabolische) Azidose

(B) eine alleinige nicht-respiratorische (metabolische)
   Alkalose

(C) eine respiratorische Azidose

(D) eine alleinige respiratorische Alkalose

(E) eine metabolische und respiratorische Alkalose

(7903-034)

11.03
11.04   11.2   Fragentyp B

Ordnen Sie bitte die Labordaten (Liste 2) den Befunden
(Liste 1) zu.

Liste 1

Liste 2

11.03 Respirato-
rische Al-
kalose,
teilweise
kompensiert

11.04 Metaboli-
sche Azi-
dose, nicht
kompensiert

	pH	pCO_2 (mmHg)	Standard-bicarbonat (mmol/l)	Basen-überschuß (mmol/l)
(A)	7.38	38	22.7	- 2
(B)	7.33	32	18.0	- 8
(C)	7.32	30	24.4	± 0
(D)	7.52	14	18.0	- 8
(E)	7.22	38	15.5	-12

(7709-062/063)

13. Niere und ableitende Harnwege

13.01	13.1	Fragentyp D

Zur korrekten Bestimmung und Interpretation des spezifischen Gewichts von Urin müssen bekannt sein:

(1) Ausscheidung von Bilirubin

(2) Ausscheidung von Glucose

(3) Ausscheidung von Aceton

(4) Temperatur der Urinprobe

(5) Ausscheidung von Proteinen

(A) nur 4 ist richtig

(B) nur 2 und 5 sind richtig

(C) nur 1, 2 und 3 sind richtig

(D) nur 2, 4 und 5 sind richtig

(E) nur 2, 3, 4 und 5 sind richtig

(7903-090)

13.02	13.2	Fragentyp A

Welche Aussage trifft zu?
Unter der "Clearance" einer Substanz X versteht man

(A) das Plasmavolumen, aus der X in einer Minute durch die Nierentätigkeit vollständig eliminiert wird

(B) das Volumen an Primärharn, das pro Minute notwendig ist, um X vollständig aus dem Plasma zu eliminieren

(C) die Konzentration von X pro 100 ml Urin

(D) die durch die Nieren pro Minute ausgeschiedene Menge von X

(E) Keine der Aussagen trifft zu.

(7703-047)

| 13.03 | 13.2 | Fragentyp A3 |

Welche der folgenden Größen kann <u>nicht</u> mit Hilfe von Clearance-Untersuchungen errechnet werden?

(A) tubuläres Transportmaximum

(B) effektiver Filtrationsdruck

(C) renaler Plasmastrom

(D) Glomerulumfiltrat

(E) Filtrationsfraktion

(7803-059)

| 13.04 | 13.2 | Fragentyp C |

Zur Prüfung der Größe des Glomerulumfiltrats eignet sich die Inulinclearance,

<u>weil</u>

Inulin bei der Nierenpassage durch glomeruläre Filtration und tubuläre Sekretion vollständig aus dem Blut entfernt wird.

(7803-089)

| 13.05 | 13.2 | Fragentyp C |

Eine Einschränkung des Glomerulumfiltrats wird mit der Inulinclearance genauer erfaßt als mit der Kreatininclearance,

<u>weil</u>

Inulin auch bei eingeschränkter Nierenfunktion nicht tubulär sezerniert wird.

(8003-066)

| 13.06 | 13.2 | Fragentyp A |

Welche Aussage trifft zu?
Eine geeignete Methode zur Bestimmung von Harnstoff ist die Spaltung des Harnstoffs durch Urease und anschliessende Messung des Reaktionsproduktes

(A) Diacetylmonoxim

(B) Bromkresolgrün

(C) Ammoniak

(D) Phenol

(E) Hypochlorit

(7803-047)

13.07	13.2	Fragentyp D

Beurteilen Sie folgende Aussagen über den Harnstoff:

(1) Die Konzentration des Serumharnstoffs ist abhängig von der Proteinzufuhr

(2) Bei Nierenerkrankungen wird weniger Harnstoff synthetisiert.

(3) Eine gebräuchliche Nachweismethode verwendet Urease zur Harnstoffspaltung.

(4) Ein Nachweis im Serum mit Teststreifen ist nicht möglich.

(A) nur 1 ist richtig

(B) nur 1 und 3 sind richtig

(C) nur 2 und 4 sind richtig

(D) nur 1, 3 und 4 sind richtig

(E) 1 - 4 = alle sind richtig

(7809-119)

13.08	13.2	Fragentyp A

Welcher der genannten Stoffe wird in etwa konstanter Beziehung zum Muskelstoffwechsel ausgeschieden?

(A) Harnstoff

(B) Kreatinin

(C) Lactat

(D) Harnsäure

(E) keiner der genannten Stoffe

(7803-045)

13.09   13.2   Fragentyp C

Endogen gebildetes Kreatinin kann zur Abschätzung der
glomerulären Filtrationsrate herangezogen werden,

weil

die Konzentration von Kreatinin im Primär- und Endharn
identisch sind.

(7909-064)

13.10   13.2   Fragentyp D

Die Kreatinin-Clearance

(1) erfordert die Bestimmung der Urinkreatininkonzentra-
    tion in einer beliebigen Urinprobe

(2) erfordert die Bestimmung der Kreatininmenge in einer
    beliebigen Urinsammelperiode bei definierter Perio-
    denlänge

(3) gibt Auskunft über die glomeruläre Filtrations-
    funktion

(4) gibt Auskunft über die Nierendurchblutung

(A) nur 2 ist richtig

(B) nur 1 und 3 sind richtig

(C) nur 1 und 4 sind richtig

(D) nur 2 und 3 sind richtig

(E) nur 2 und 4 sind richtig

(7903-096)

13.11   13.2   Fragentyp C

Bei hoher Serumkreatininkonzentration täuscht die endogene Kreatininclearance eine größere glomeruläre Filtrationsrate vor als sie tatsächlich ist,

weil

bei hohen Serumkreatininkonzentrationen Kreatinin in
der Niere auch tubulär sezerniert wird.

(7709-083)

13.12   13.2   Fragentyp D

Die Höhe der Harnstoffkonzentration im Serum ist abhängig von der

(1) Nierenfunktion

(2) Zufuhr an Proteinen

(3) Zufuhr an Purinen

(A) nur 1 ist richtig

(B) nur 2 ist richtig

(C) nur 3 ist richtig

(D) nur 1 und 2 sind richtig

(E) 1 - 3 = alle sind richtig

(8003-069)

13.13   13.2   Fragentyp D

Zur Erfassung einer Niereninsuffizienz sind geeignet:

(1) der qualitative Proteinnachweis im Harn mit Test-
    streifen (Bromphenolblaumethode)

(2) die Bestimmung der Harnstoffkonzentration im Serum
    mit Teststreifen (Urease-Indikatorreaktion)

(3) die Bestimmung der Harnstoffkonzentration im Serum
    mit der gekoppelten Ureasereaktion

(4) die Bestimmung der Kreatinin-Clearance

(A) nur 1 und 3 sind richtig

(B) nur 2 und 4 sind richtig

(C) nur 1, 2 und 3 sind richtig

(D) nur 2, 3 und 4 sind richtig

(E) 1 - 4 = alle sind richtig

(8003-105)

13.14   13.4   Fragentyp D

Frischer Harn kann trüb sein infolge Beimengung von

(1) Erythrozyten

(2) Leukozyten

(3) Hämoglobin

(4) Phosphat

(A) Keine der Aussagen trifft zu.

(B) nur 1 und 3 sind richtig

(C) nur 1 und 4 sind richtig

(D) nur 1, 2 und 4 sind richtig

(E) 1 - 4 = alle sind richtig

(7903-091)

13.15   13.4   Fragentyp A

Welche Aussage trifft zu?
Bei der Proteinbestimmung mit Teststäbchen muß auch
der pH-Wert des Harnes bestimmt werden, weil

(A) zu saure Harne ein falsch positives Testergebnis
liefern können

(B) zu alkalische Harne ein falsch positives Testergebnis liefern können

(C) in neutralem Harn Proteine nicht angezeigt werden

(D) der pH-Wert und der angezeigte Proteinwert vonein-
ander subtrahiert werden müssen

(E) der angezeigte Proteinwert durch den pH-Wert kor-
rigiert werden muß

(7803-046)

13.16   13.4   Fragentyp A

Der Proteinnachweis im Urin mittels Teststreifen kann
verfälscht werden durch

(A) alkalischen pH-Wert

(B) Gegenwart von Enzyminhibitoren

(C) Anwesenheit von Harnstoff

(D) Gegenwart von Nitrit

(E) hohen Glucosegehalt

(7903-036)

13.17   13.4   Fragentyp A

Welche Antwort trifft zu?
Im Harnsediment finden Sie:
kreisrunde, flache, scharf konturierte Scheiben, die
beim Drehen an der Mikrometerschraube einen doppelt
konturierten Rand zeigen.
Es handelt sich um:

(A) Hefezellen

(B) Plattenepithelien

(C) Leukozyten

(D) Erythrozyten

(E) Nierenepithelien

(7803-051)

13.18   13.4   Fragentyp A3

Welche Aussage trifft nicht zu?
Bei der mikroskopischen Untersuchung des Urinsedimentes
eines Gesunden kann man, wenn auch z.T. nur vereinzelt,
folgende Bestandteile finden:

(A) Leukozyten

(B) Calciumoxalatkristalle ("Briefumschlagform")

(C) Tripelphosphat ("Sargdeckelkristalle")

(D) Hyaline Zylinder

(E) Erythrozytenzylinder

(7709-053)

13.19   13.4   Fragentyp D

Beurteilen Sie folgende Aussagen über das Harnsediment:

(1) Es enthält normalerweise nicht mehr als einen Ery-
    throzyten pro mikroskopischem Gesichtsfeld (40:1-
    Vergrößerung).

(2) Das Vorkommen von Tripelphosphat (sog. Sargdeckel-
    kristalle) ist immer pathologisch.

(3) Calciumoxalatkristalle im Sediment sind beweisend
    für Nephrolithiasis.

(4) Vermehrtes Auftreten von Erythrozyten beim Mann er-
    laubt die Verdachtsdiagnose Prostatakarzinom.

(A) nur 1 ist richtig

(B) nur 1 und 3 sind richtig

(C) nur 2 und 3 sind richtig

(D) nur 1, 2 und 3 sind richtig

(E) 1 - 4 = alle sind richtig

(7809-118)

13.20
13.21   13.4   Fragentyp B

Beim Gesunden finden Sie im Sediment von Spontanurin
einige organisierte Bestandteile. Ordnen Sie bitte den
in Liste 1 aufgeführten Bestandteilen die beim Gesunden maximal beobachteten Häufigkeiten pro Gesichtsfeld
(Objektiv 40:1) aus Liste 2 zu.

Liste 1   Liste 2

13.020 Erythrocyten   (A) keine

13.21 Leukocyten   (B) bis 1

                             (C) bis 4

                             (D) bis 15

                             (E) 50 - 100

(7703-072/073)

13.22   13.4   Fragentyp B

Geben Sie an, bei welchen der genannten Erkrankungen
eine Hämaturie beobachtet werden kann.

(1) Nierentumor

(2) Manifeste hämorrhagische Diathese

(3) Blasenstein

(4) Nierentuberkulose

(5) Nicht optimale Einstellung einer Dicumarolbehand-
    lung

(A) nur 2 ist richtig

(B) nur 2 und 4 sind richtig

(C) nur 1, 2 und 4 sind richtig

(D) nur 1, 3 und 5 sind richtig

(E) 1 - 5 = alle sind richtig

(7703-118)

14. Stütz- und Bewegungsapparat

| 14.01 | 14.2 | Fragentyp D |

Geben Sie an, bei welchem bzw. welchen der genannten
Fälle Sie einen Anstieg der Kreatin-Kinase (CK) im
Serum finden können.

(1) hämolytische Anämie

(2) nach i.m. Injektion

(3) Muskeldystrophie vom Typ Duchenne

(4) nach Herzinfarkt

(5) Osteomyelosklerose

(A) nur 1 ist richtig

(B) nur 1 und 4 sind richtig

(C) nur 2 und 3 sind richtig

(D) nur 2, 3 und 4 sind richtig

(E) nur 2, 4 und 5 sind richtig

(7903-095)

| 14.02 | 14.2/8.4 | Fragentyp C |

Ein erhöhter CK-Spiegel im Serum kann ein Hinweis auf
einen Herzinfarkt sein,

weil

CK ein Herzmuskel-spezifisches Enzym ist.

(7709-082)

| 14.03 | 14.2 | Fragentyp C |

Eine erhöhte Aktivität der Kreatin-Kinase (CK) im Serum
kann ein Hinweis auf einen Herzinfarkt sein,

weil

CK ein Herzmuskel-spezifisches Enzym ist.

(7909-065)

Geben Sie an, welches der genannten Untersuchungsverfahren die größte Aussagekraft zur Sicherung der Verdachtsdiagnose "8 Tage alter Herzinfarkt" besitzt.
Bestimmung der/des

(A) Blutzuckers

(B) LDH (Lactatdehydrogenase)

(C) Leukocyten im Blut

(D) BSG

(E) CK (Creatin-phosphokinase)

(7703-048)

B. Pathobiochemie – Pathophysiologie

1. Stoffwechsel der Nucleinsäuren

1.01   1.1   Fragentyp A3

Welche Aussage trifft <u>nicht</u> zu?
Folgende Substanzgruppen greifen durch Beeinflussung des
Nucleinsäurestoffwechsels oder der Übertragung der genetischen Information störend in die Zellfunktion, Zell-
vermehrung oder das Zellwachstum ein:

(A) mutagene Substanzen

(B) Purin- und Pyrimidinanaloge

(C) D-Aminosäuren

(D) Antibiotika

(E) Folsäureantagonisten

(7703-082)

1.02   1.1   Fragentyp A3

Welche Aussage trifft <u>nicht</u> zu?
Die Harnsäurekonzentration im menschlichen Serum ist
von folgenden Faktoren abhängig:

(A) Puringehalt der Nahrung

(B) Geschlecht

(C) renaler Ausscheidung

(D) Harnsäureabbau

(E) Steuerung der Purinsynthese

(7903-049)

| 1.03 | 1.1.1 | Fragentyp A3 |

Welche Aussage trifft <u>nicht</u> zu?
Ein erhöhter Harnsäurespiegel im Blut kommt zustande
durch

(A) vermehrte Zufuhr von Nukeloproteiden mit der Nahrung

(B) gestörte Leberfunktion

(C) tubuläre Nierenschäden

(D) vermehrten Zelluntergang

(E) gesteigerte Synthese von Purinbasen

(7709-061)

| 1.04 | 1.1.2 | Fragentyp A3 |

Welche Aussage trifft <u>nicht</u> zu?
Die Gicht kann gekennzeichnet sein bzw. ausgelöst werden
durch

(A) Störung der aktiven tubulären Sekretion von Urat in
der Niere

(B) Ablagerung von Uratkristallen in besonders stoff-
wechselaktiven Geweben

(C) Erhöhung des Uratpools auf mehr als das 10fache

(D) Zufuhr purinreicher Nahrung

(E) Besserung des Zustandes durch Hemmung der Harnsäure-
und Purinsynthese

(7909-032)

1.051.1.2Fragentyp D

Patienten, die an Gicht leiden, erkranken überzufällig häufig an

(1) Hypertonie

(2) Diabetes mellitus

(3) Hämochromatose

(4) Nephrolithiasis

(5) Pyelonephritis

(A) nur 1, 2 und 5 sind richtig

(B) nur 1, 3 und 4 sind richtig

(C) nur 2, 4 und 5 sind richtig

(D) nur 1, 2, 4 und 5 sind richtig

(E) nur 2, 3, 4 und 5 sind richtig

(7803-119)

2. *Stoffwechsel der Aminosäuren, Proteine*

2.01   2.1   <u>Fragentyp D</u>

Allgemeine Folge(n) eines Stoffwechseldefektes im Aminosäurestoffwechsel kann/können sein:

(1) Erhöhung der Konzentration aller Aminosäuren im Blut

(2) vermehrte Synthese eines Aminosäure-Stoffwechsel-Nebenproduktes

(3) Anstau eines Metaboliten vor dem Stoffwechselblock

(4) Entwicklungs- und Funktionsstörungen des ZNS

(A) nur 1 ist richtig

(B) nur 3 ist richtig

(C) nur 2 und 3 sind richtig

(D) nur 2, 3 und 4 sind richtig

(E) 1 - 4 = alle sind richtig

(7703-119)

2.02   2.1   <u>Fragentyp D</u>

Allgemeine Folgen eines Stoffwechseldefektes im Aminosäurestoffwechsel können sein:

(1) Synthese von Proteinen mit veränderter Aminosäuresequenz

(2) vermehrte Synthese eines Aminosäure-Stoffwechsel-Nebenproduktes

(3) Anstau eines Metaboliten vor dem Stoffwechselblock

(4) Entwicklungs- und Funktionsstörungen des ZNS

(A) nur 1 ist richtig

(B) nur 3 ist richtig

(C) nur 2 und 3 sind richtig

(D) nur 2, 3 und 4 sind richtig

(E) 1 - 4 = alle sind richtig

(7903-106)

2.03   2.1   Fragentyp D

Eine Hyperaminoazidurie kann bedingt sein durch eine

(1) Erhöhung der Plasmaaminosäuren

(2) erhöhte Synthese der Aminosäuren in der Tubuluszelle

(3) verminderte tubuläre Rückresorption der filtrierten
    Aminosäuren

(4) Auskristallisation der Aminosäuren im Tubuluslumen.

(A) nur 1 ist richtig

(B) nur 2 ist richtig

(C) nur 1 und 3 sind richtig

(D) nur 2 und 3 sind richtig

(E) nur 1, 3 und 4 sind richtig

(7903-111)

2.04   2.1.2   Fragentyp D

Ursachen für ein vermehrtes Auftreten von Aminosäuren
im Harn können sein:

(1) Enzymblock im zellulären Abbau einer Aminosäure

(2) Erkrankungen des Bindegewebes

(3) Leberfunktionsstörungen

(4) kompetitive Hemmung der renalen Rückresorption einer
    Aminosäure bei vermehrter Inanspruchnahme eines ge-
    meinsamen Transportsystems durch eine andere Amino-
    säure

(5) vermehrte Zufuhr von Nahrungsproteinen

(A) nur 1 und 3 sind richtig

(B) nur 1, 3 und 4 sind richtig

(C) nur 2, 4 und 5 sind richtig

(D) nur 1, 2, 3 und 4 sind richtig

(E) 1 - 5 = alle sind richtig

(8003-082)

2.05   2.1   Fragentyp D

Eine genetisch bedingte Störung der Hydroxylierung von
Phenylalanin zu Tyrosin (Phenylketonurie) hat ohne diäte-
tische Behandlung zur Folge:

(1) das Auftreten von Phenylessigsäure im Blut

(2) einen gravierenden Mangel an Tyrosin im Blut

(3) eine überschießende Bildung von p-Hydroxyphenyl-
    pyruvat

(4) eine stark eingeschränkte Bildung der Katecholamine

(5) die vermehrte Ausscheidung von Phenylalanin im Urin

(A) nur 2 ist richtig

(B) nur 1 und 3 sind richtig

(C) nur 1 und 5 sind richtig

(D) nur 2 und 4 sind richtig

(E) nur 1, 3 und 5 sind richtig

(7803-101)

2.06   2.1   Fragentyp D

Der Hemmtest nach Guthrie zur Früherkennung der Phenylketonurie

(1) muß innerhalb der ersten 24 Stunden nach der Geburt
    durchgeführt werden

(2) mißt semiquantitativ die Konzentration von Phenyl-
    alanin im Plasma

(3) wird erst 6 Wochen nach der Geburt positiv

(4) kann durch Antibiotika-Therapie verfälscht werden

(A) nur 1 und 2 sind richtig

(B) nur 1 und 4 sind richtig

(C) nur 2 und 3 sind richtig

(D) nur 2 und 4 sind richtig

(E) nur 2, 3 und 4 sind richtig

(7803-102)

2.07   2.1   Fragentyp C

Die Entwicklung des ZNS ist bei der Phenylketonurie gestört,

<u>weil</u>

Phenylalanin bei der Phenylketonurie nicht in Protein
eingebaut werden kann.

(7809-093)

2.08   2.1   Fragentyp C

Die Behandlung der Phenylketonurie muß innerhalb der
ersten 3 Lebensmonate begonnen werden,

<u>weil</u>

die unbehandelte Phenylketonurie zu einer Reifungsstö-
rung des Zentralnervensystems führt.

(7709-088)

2.09   2.1   Fragentyp A2

Welche Aussage trifft <u>nicht</u> zu?
Angeborene Störungen des Aminosäurestoffwechsels

(A) können als Aminosäure-Transportstörungen oder als
    Aminosäure-Abbaudefekte auftreten

(B) führen häufig zu irreversibler geistiger Retardierung

(C) bleiben folgenlos, wenn nichtessentielle Aminosäuren
    (z.B. Glycin oder Prolin) betroffen sind

(D) können bei einigen Coenzym-bedingten Enzymopathien
    durch hohe Dosen des betreffenden Coenzyms erfolg-
    reich behandelt werden

(E) sind häufig von einer Aminoazidurie begleitet

(7909-040)

2.10   2.1.3   Fragentyp D

Die Folge eines allgemeinen Verlustes an Plasmaproteinen
kann sein:

(1) Mobilisierung von Proteindepots in Leber, Muskel,
    Niere und Gehirn

(2) reaktive Steigerung der Proteinsynthese in der Leber

(3) Auftreten von Paraproteinen im Plasma

(4) Flüssigkeitsverschiebungen im Intravasal- und Extrazellularraum

(5) Erhöhung der Infektneigung

(A) nur 4 und 5 sind richtig

(B) nur 1, 2 und 4 sind richtig

(C) nur 1, 2 und 5 sind richtig

(D) nur 2, 4 und 5 sind richtig

(E) 1 - 5 = alle sind richtig

(7803-103)

2.11	2.2	Fragentyp A3

Welche Aussage trifft _nicht_ zu?
Folgende Zustände können Ursache für eine Hypoproteinämie sein:

(A) Protein-Mangelernährung

(B) Defekte im enteralen Transportmechanismus für einzelne Gruppen von Aminosäuren

(C) erhebliche Blutverluste

(D) nephrotisches Syndrom

(E) entzündliche gastrointestinale Exsudation

(7709-065)

2.12	2.2	Fragentyp A3

Welche Aussage trifft _nicht_ zu?
Folgende Zustände gehen mit einer Hypoproteinämie einher:

(A) Analbuminämie

(B) Verbrennung

(C) Plasmocytom

(D) Cöliakie

(E) nephrotisches Syndrom

(7503-252)

2.13   2.2/2.3   Fragentyp D

Überprüfen Sie bitte die folgenden Aussagen:

(1) Ein verminderter Albumingehalt kann zur Ödembildung führen.

(2) Ein Mangel an Transferrin verursacht eine Hämosiderinablagerung in parenchymatösen Organen.

(3) Caeruloplasminmangel bedingt eine Ablagerung von Kupfer im Hirn und in der Leber.

(4) Im Immunsystem gibt es keine Defektproteinämien.

(A) nur 1 ist richtig

(B) nur 1 und 3 sind richtig

(C) nur 2 und 4 sind richtig

(D) nur 1, 2 und 3 sind richtig

(E) 1 - 4 = alle sind richtig

(7809-113)

2.14   2.3.3   Fragentyp D

Überprüfen Sie bitte die folgenden Aussagen über Paraproteine:

(1) Bei den Paraproteinämien liegt die Vermehrung eines (oder mehrerer) Immunglobulin produzierenden Zellklons (produzierender Zellklone) vor.

(2) Als Plasmaproteine werden Paraproteine in der Leber synthetisiert.

(3) L-Kettenparaproteine werden durch die Niere ausgeschieden.

(4) Paraproteine haben meist Antikörpereigenschaften.

(A) nur 4 ist richtig

(B) nur 1 und 3 sind richtig

(C) nur 2 und 4 sind richtig

(D) nur 1, 2 und 3 sind richtig

(E) 1 - 4 = alle sind richtig

(7803-104)

4. Stoffwechsel der Lipide

4.01   4.1.2   Fragentyp A

Welche Aussage trifft zu?
Die Ursache der mit vermehrtem Chylomikronengehalt des
Serums einhergehenden primären Hyperlipoproteinämie Typ I
(nach Fredrickson) ist

(A) eine gestörte enterale Chylomikronenbildung

(B) eine gestörte hepatische Umwandlung von Chilomikronen
    in andere Lipoproteine

(C) ein Defekt des Triglyceridabbaues im Fettgewebe

(D) ein angeborener Mangel an Lipoprotein-Lipase

(E) eine gestörte Apo-Lipoproteinbiosynthese

(8003-014)

4.02   4.1.2   Fragentyp D

Die familiäre Hypercholesterinämie (familiäre Hyperlipoproteinämie Typ II) geht einher mit

(1) reduzierter Cholesterinbiosynthese in extrahepatischen
    Geweben

(2) Fehlen der für LDL (low density lipoproteins) spezi-
    fischen Rezeptoren auf extrahepatischen Zellen

(3) Cholesterineinlagerungen in die Cornea

(4) frühzeitig auftretender Atherosklerose

(A) nur 4 ist richtig

(B) nur 1 und 2 sind richtig

(C) nur 2 und 3 sind richtig

(D) nur 2, 3 und 4 sind richtig

(E) 1 - 4 = alle sind richtig

(7909-103)

<table><tr><td>4.03</td><td>4.1.3</td><td>Fragentyp A3</td></tr></table>

Welche der aufgeführten Erkrankungen kommt <u>nicht</u> als Ursache einer sekundären Hyperlipoproteinämie in Frage?

(A) Diabetes mellitus

(B) Übergewicht

(C) Gicht

(D) Alkoholismus

(E) chronische Infekte

(7809-065)

<table><tr><td>4.04</td><td>4.1.3</td><td>Fragentyp C</td></tr></table>

Beim Insulinmangel kann es zu einer vermehrten Cholesterinbildung in der Leber kommen,

<u>weil</u>

beim Insulinmangel durch den Anstau von Acetyl-CoA vermehrt β-Hydroxy-β-methylglutaryl-CoA (HMG-CoA) und Mevalonsäure gebildet werden.

(7909-061)

<table><tr><td>4.05</td><td>4.1.5</td><td>Fragentyp C</td></tr></table>

Das Vorhandensein von Chylomikronen im Nüchtern-Plasma (12 Stunden Nahrungs-Karenz) ist ein pathologischer Befund,

<u>weil</u>

die Halbwertzeit von Chylomikronen im Blut normalerweise unter 60 min liegt.

(7909-056)

5. Stoffwechsel der Kohlenhydrate

5.01   4.2   Fragentyp A2

Welche Aussage trifft zu?
Die Fettsucht ist am häufigsten zurückzuführen auf

(A) Erbanlage

(B) Nachlassen der Keimdrüsenfunktion

(C) Hyperinsulinismus

(D) Unterfunktion der Schilddrüse

(E) länger anhaltende kalorische Überernährung

(7709-048)

5.02   4.2   Fragentyp A3

Welche Aussage über Adipositas trifft <u>nicht</u> zu?

(A) Bei der Entwicklung der Adipositas findet sich immer
    ein Mißverhältnis zwischen Nahrungszufuhr und Ener-
    gieverbrauch.

(B) Wegen der anabolen Wirkung der Schilddrüsenhormone
    findet sich eine Adipositas besonders häufig bei
    Hyperthyreose.

(C) Adipositas disponiert zu gestörter Glucosetoleranz.

(D) Bei Adipositas kommt es zu einem besonders bei Koh-
    lenhydratbelastung nachweisbaren Hyperinsulinismus.

(E) Eine häufige Folge der Adipositas ist die Manifesta-
    tion eines Diabetes mellitus.

(7909-043)

5.03   5.1   Fragentyp D

Malabsorption aufgrund angeborener enteraler Transport-
störungen sind bekannt für

(1) Glucose

(2) neutrale Aminosäuren

(3) Galaktose

(4) Fructose

(A) nur 1 und 2 sind richtig

(B) nur 3 und 4 sind richtig

(C) nur 1, 2 und 3 sind richtig

(D) nur 2, 3 und 4 sind richtig

(E) 1 - 4 = alle sind richtig

(7909-100)

5.04   5.2.1   Fragentyp D

Die kongenitale Galaktosämie

(1) kann durch einen Mangel an Galaktokinase oder an
    Galaktose-1-phosphat-Uridylyltransferase bedingt
    sein

(2) führt unbehandelt bei längerer Dauer zu Leber-
    zirrhose und Linsentrübung (Katarakt)

(3) kann durch Nachweis des Enzymdefekts in Erythro-
    zyten diagnostiziert werden

(4) kann durch Einhalten einer lactose- und galaktose-
    armen Diät behandelt werden

(A) nur 1 und 4 sind richtig

(B) nur 1, 2 und 3 sind richtig

(C) nur 1, 3 und 4 sind richtig

(D) nur 2, 3 und 4 sind richtig

(E) 1 - 4 = alle sind richtig

(7809-112)

5.05   5.2.1   Fragentyp C

Bei der Galaktosämie des Neugeborenen besteht eine Erhöhung der Galaktose- bzw. Galaktose-1-phosphat-Konzentration im Erythrozyten,

<u>weil</u>

bei der Galaktosämie ein hereditärer Mangel an Galaktokinase bzw. Galaktose-1-phosphat-Uridylyl-Transferase vorliegt.

(7903-075)

5.06   5.2.3   Fragentyp D

Überprüfen Sie bitte die folgenden Aussagen zur Glucosurie:

(1) Glucose wird glomerulär filtriert.

(2) Glucose wird im proximalen Tubulus wieder rückresorbiert.

(3) Bei einem eingeschränkten Transportmaximum für Glucose kann auch bei normaler Glucosekonzentration im Blut eine renale Glucosurie auftreten.

(A) nur 1 ist richtig

(B) nur 3 ist richtig

(C) nur 1 und 2 sind richtig

(D) nur 1 und 3 sind richtig

(E) 1 - 3 = alle sind richtig

(7803-105)

5.07   5.3   Fragentyp A3

Welche Aussage trifft <u>nicht</u> zu?
Folgende hormonale Faktoren besitzen diabetogene Wirkung:

(A) Überproduktion von Somatotropin

(B) Überproduktion von Cortisol

(C) Überproduktion von Adrenalin

(D) Überproduktion von Secretin

(E) Überproduktion von Glucagon

(7503-250)

5.08   5.3   Fragentyp A3

Welche Aussage trifft <u>nicht</u> zu?
Folgeerscheinungen eines Insulinmangels sind:

(A) Proteinkatabolismus

(B) Bildung von Ketonkörpern

(C) Steigerung der Lipolyse

(D) verstärkte Glykogensynthese

(E) Glucosurie

(7809-070)

5.09   5.3.1   Fragentyp A

Welche Aussage trifft zu?
Eine verstärkte Glucoseneubildung beim Diabetes mellitus

(A) ist eine direkte Folge des Glucoseverlustes im Urin

(B) ist für eine Versorgung des ZNS mit Glucose unabding-
bar

(C) erfolgt vorwiegend in der Leber

(D) erfolgt in erster Linie aus Lactat

(E) erfolgt in erster Linie aus freien Fettsäuren

(8003-017)

5.10   5.3.2   Fragentyp D

Prüfen Sie bitte folgende Aussagen zum Fettstoffwechsel
bei Insulinmangel:

(1) Die Resorption der Nahrungsfette ist unbeeinflußt.

(2) Die Konzentration freier Fettsäuren im Blut ist infolge einer vermehrten Fettsäureutilisation erniedrigt.

(3) die β-Oxidation der Fettsäuren ist vermindert.

(4) Die hohe Glucosekonzentration im Blut fördert die
Lipogenese.

(A) nur 1 ist richtig

(B) nur 1 und 3 sind richtig

(C) nur 2 und 4 sind richtig

(D) nur 1, 2 und 3 sind richtig

(E) 1 - 4 = alle sind richtig

(7903-107)

5.11   5.3.3   Fragentyp C
____

Beim nicht-kompensierten Diabetes mellitus kommt es zu
einer vermehrten Ketonkörperbildung,

weil

beim schlecht eingestellten Diabetes mellitus auch verstärkt ketoplastische Aminosäuren abgebaut werden.

(7509-251)

5.12   5.3.3   Fragentyp D
____

Überprüfen Sie die folgenden Aussagen über Ketonkörper!

(1) Acetoacetat und β-Hydroxybutyrat werden in der Leber
    aus dcm bei gesteigerter Fettsäureoxidation anfal-
    lenden Acetyl-CoA gebildet.

(2) Die für die Ketonkörperbiosynthese in der Leber be-
    nötigten Fettsäuren werden überwiegend durch Lipo-
    lyse im Fettgewebe erzeugt.

(3) Ketonkörper können in der Muskulatur und im Zentral-
    nervensystem utilisiert werden.

(4) Die Azidose beim diabetischen Koma wird durch eine
    Konzentrationserhöhung der Ketonkörper Acetoacetat
    und β-Hydroxybutyrat ausgelöst.

(A) nur 2 und 4 sind richtig

(B) nur 3 und 4 sind richtig

(C) nur 1, 2 und 3 sind richtig

(D) nur 2, 3 und 4 sind richtig

(E) 1 - 4 = alle sind richtig

(7909-104)

5.13   5.3.3/10.4.1   Fragentyp A3
____

Welche Aussage trifft nicht zu?
Folgende Initialbefunde sind typisch für das Coma diabeticum:

(A) Hyperglykämie

(B) Hyperketonämie

(C) Hypokaliämie

(D) Azidose

(E) Hyperosmolarität des Serums

(7903-048)

<table><tr><td>5.14</td><td>5.4</td><td>Fragentyp C</td></tr></table>

Nach längerer Nahrungskarenz steigt die Konzentration der Ketonkörper Acetoacetat und β-Hydroxybutyrat im Blut an,

weil

nach längerer Nahrungskarenz die Utilisierung der Ketonkörper in der Muskulatur durch die gesteigerte Fettsäureoxidation gehemmt ist.

(8003-056)

<table><tr><td>5.15</td><td>5.6</td><td>Fragentyp D</td></tr></table>

Hypoglykämien können die Folge sein von

(1) schweren Lebererkrankungen mit Parenchymausfall

(2) Störungen im Glykogenstoffwechsel

(3) ausgedehnten retroperitonealen Tumoren

(4) chronischem Alkoholismus

(A) nur 1 und 3 sind richtig

(B) nur 2 und 4 sind richtig

(C) nur 1, 2 und 3 sind richtig

(D) nur 1, 3 und 4 sind richtig

(E) 1 - 4 = alle sind richtig

(8003-081)

6. Innere Sekretion

6.01 6.2.1 Fragentyp D

Überprüfen Sie die folgenden Aussagen über die releasing-Hormone der Hypophyse:

(1) Sie werden in Neuronen des Hypothalamus als Neurosekret gebildet.

(2) Ihre Bildung unterliegt suprahypothalamischen neuralen Einflüssen.

(3) Sie sind wie die meisten Hormone speziesspezifisch.

(4) Eine Hemmung ihrer neuralen Synthese durch eine direkte "ultrakurze" Rückkopplung der releasing-Hormone ist ein mögliches Regelprinzip.

(A) nur 1 ist richtig

(B) nur 4 ist richtig

(C) nur 2 und 3 sind richtig

(D) nur 1, 2 und 4 sind richtig

(E) 1 - 4 = alle sind richtig

(7709-118)

6.02 6.3 Fragentyp C

Für Adiuretin (Vasopressin) ist kein hypothalamisches "Releasing Hormon" bekannt,

<u>weil</u>

der Bildungsort von Adiuretin (Vasopressin) der Hypophysenhinterlappen ist.

(8003-057)

6.03   6.3.1   Fragentyp D

Welche der folgenden Aussagen treffen sowohl für den
zentralen als auch für den renalen Diabetes insipidus
zu?

(1) Es wird ein hypoosmotischer Urin ausgeschieden.

(2) Eine Erhöhung der Plasmaosmolalität durch hyper-
    tonische Kochsalzinfusion führt zu keiner Harn-
    konzentrierung.

(3) ADH-Zufuhr normalisiert die Konzentrationsfähigkeit.

(A) nur 1 ist richtig

(B) nur 3 ist richtig

(C) nur 1 und 2 sind richtig

(D) nur 2 und 3 sind richtig

(E) 1 - 3 = alle sind richtig

(7903-109)

6.04   6.2.1   Fragentyp D

Die Konzentration folgender Hormone im Blut ist <u>unab-
hängig</u> von der Steuerung durch die Adenohypophyse:

(1) Calcitonin

(2) Trijodthyronin

(3) Cortisol

(4) Parathormon

(5) Adrenalin

(A) nur 1 und 3 sind richtig

(B) nur 4 und 5 sind richtig

(C) nur 1, 3 und 4 sind richtig

(D) nur 1, 4 und 5 sind richtig

(E) nur 2, 4 und 5 sind richtig

(7903-101)

6.05   6.2.3   Fragentyp D

Die Folgen eines Hypophysen-Adenoms mit Wachstumshormon-
überproduktion können sein:

(1) nach abgeschlossenem Wachstum: Akromegalie

(2) gestörte Glucosetoleranz

(3) gestörte Gonadotropinproduktion mit Hypogonadismus

(4) in der Wachstumsphase: Riesenwuchs

(A) nur 4 ist richtig

(B) nur 1 und 3 sind richtig

(C) nur 2 und 4 sind richtig

(D) nur 1, 2 und 3 sind richtig

(E) 1 - 4 = alle sind richtig

(8003-074)

6.06   6.3.1   Fragentyp C

Exogenes antidiuretisches Hormon ist bei renalem Diabetes
insipidus therapeutisch unwirksam,

weil

bei renalem Diabetes insipidus die endogene Bildung von
antidiuretischem Hormon nicht vermindert ist.

(7909-062)

6.07   6.3.1   Fragentyp C

Der Diabetes insipidus centralis ist durch eine Polyurie
charakterisiert,

weil

distale Tubulusabschnitte und das Sammelrohrsystem beim
Diabetes insipidus centralis auf ADH nicht ansprechen.

(7903-083)

6.08   6.3.2   Fragentyp A

Welche Aussage trifft zu?
Verminderte ADH-Sekretion führt beim Menschen zu folgenden Symptomen:

(A) Polyurie

(B) Anstieg der Natrium-Konzentration im Urin

(C) Anstieg der Kalium-Konzentration im Urin

(D) Zunahme der Wasserpermeabilität im Sammelrohrsystem der Niere

(E) Blutdruckanstieg durch Änderung des Natrium-Haushaltes

(7909-029)

6.09   6.4.2   Fragentyp A3

Welche Aussage trifft nicht zu?
Die Wirkungen von thyreotropem Hormon (TSH) auf die Schilddrüse sind:

(A) Erhöhung der Proteolyserate von Thyreoglobulin

(B) Hemmung der Jodid-Peroxidase

(C) Steigerung der Jodidanreicherung in der Schilddrüse

(D) Beschleunigung der Überführung von Mono- und Dijodtyrosinresten in T_3 und T_4

(E) Stimulierung des Einbaues von Jod in Tyrosinreste

(7809-067)

6.10   6.4.2   Fragentyp D

Überprüfen Sie die folgenden Aussagen zur Biosynthese und Sekretion von Schilddrüsenhormonen:

(1) Die Schilddrüse ist das einzige Organ, welches Jodid gegenüber der Konzentration im Serum anreichern kann.

(2) Die Jodidaufnahme in die Schilddrüse kann kompetitiv durch Perchlorat und Thiocyanat gehemmt werden.

(3) Die Proteolyse des Thyreoglobulins ist ein von außerhalb der Schilddrüse nicht zu beeinflussender Vorgang.

(4) Die Überführung von Jod in organische Bindung und die Kopplung von Mono- und Dijodtyrosin zu T_3 und T_4 kann durch Enzymdefekte behindert sein.

(A) nur 4 ist richtig

(B) nur 1 und 3 sind richtig

(C) nur 2 und 4 sind richtig

(D) nur 1, 2 und 3 sind richtig

(E) 1 - 4 = alle sind richtig

(7803-100)

| 6.11 | 6.4.5 | Fragentyp A3 |

Welche Aussage trifft nicht zu?
Typische Merkmale im Stoffwechsel bei einer Überproduktion von Schilddrüsenhormonen sind:

(A) erhöhte Proteinsynthese und erhöhter Proteinumsatz

(B) Anhäufung von Mukopolysacchariden im Bindegewebe

(C) erhöhte Wärmeproduktion

(D) verstärkter Sauerstoffverbrauch

(E) erhöhte Adrenalinempfindlichkeit

(7709-064)

| 6.12 | 6.5 | Fragentyp D |

Mit einer Veränderung der Testesfunktionen ist zu rechnen bei

(1) numerischer Veränderung der Geschlechtschromosomen

(2) Hypophyseninsuffizienz

(3) Kryptorchismus

(4) Hypogonadismus

(5) Pubertas praecox

(A) nur 1 und 2 sind richtig

(B) nur 3 und 4 sind richtig

(C) nur 2, 3 und 4 sind richtig

(D) nur 1, 2, 3 und 4 sind richtig

(E) 1 - 5 = alle sind richtig

(7803-099)

6.13	6.5.1	Fragentyp A3

Welche Aussage trifft <u>nicht</u> zu?

(A) Testosteron wird unter Einfluß von FSH in den Leydig-Zwischenzellen gebildet.

(B) Ein Testosteron-Vorläufer in der Biosynthese ist Progesteron.

(C) Testosteron kann in hoher Konzentration die Gonadotropinausschüttung hemmen.

(D) Testosteron wird auch in der Nebennierenrinde gebildet.

(E) Testosteron beeinflußt die Zusammensetzung des Spermaplasmas.

(7703-085)

6.14	6.5.2	Fragentyp A3

Welche Aussage trifft <u>nicht</u> zu?
Ursachen einer unzureichenden Testosteronproduktion in den Tests können sein:

(A) Leydig-Zell-Tumoren

(B) Funktionsstörungen der Hypophyse

(C) genetische Enzymdefekte

(D) XXY-Trisomie

(E) Orchitis

(7909-045)

| 6.15 | | |
6.16	6.7/6.1.3	Fragentyp B

Ordnen Sie jedem der in Liste 1 genannten Tests das ihm zugrundeliegende Prinzip (Liste 2) zu.

Liste 1

6.15 ACTH-Test

6.16 Dexamethason-Test

<u>Liste 2</u>

(A) Messung der ACTH-Reserve der Hypophyse bei intakter Nebenniere

(B) direkte Stimulation der Nebennierenrinde

(C) Hemmung der ACTH-Sekretion der Hypophyse

(D) Stimulierung der ACTH-Sekretion der Hypophyse

(E) direkte Hemmung der Nebennierenrinde

(7903-065/066)

6.17   6.7   Fragentyp C

Ein rechtsseitiges, Glucocorticoide im Überschuß produzierendes Nebennierenrindenadenom führt zu Atrophie der kontralateralen (linken) Nebennierenrinde,

<u>weil</u>

hohe Glucocorticosteroidspiegel eine Hemmung der ACTH-Bildung und -Ausschüttung im Hypophysenvorderlappen bewirken.

(7709-092)

6.18   6.7.1   Fragentyp D

Beim adrenogenitalen Syndrom (21-Hydroxylase-Mangel) findet man

(1) erhöhten ACTH-Spiegel

(2) verminderte Glucocorticoide

(3) Virilisierung

(4) vermehrte Nebennierenrindenandrogene

(5) vermehrt Aldosteron

(A) nur 1 und 2 sind richtig

(B) nur 2, 3 und 5 sind richtig

(C) nur 3, 4 und 5 sind richtig

(D) nur 1, 2, 3 und 4 sind richtig

(E) nur 2, 3, 4 und 5 sind richtig

(7809-117)

6.19   6.7/6.8   Fragentyp A3

Welche Aussage trifft <u>nicht</u> zu?
Zu den Erkrankungen der Nebennierenrinde gehören:

(A) Cushing-Syndrom

(B) adrenogenitales Syndrom

(C) Phäochromozytom

(D) Hyperaldosteronismus

(E) Morbus Addison

(7703-083)

6.20   6.7.2   Fragentyp A3

Welche Aussage trifft <u>nicht</u> zu?
Ein Cushing-Syndrom kann folgende Ursachen haben:

(A) Hyperaldosteronismus

(B) Störung des normalen hypothalamisch-hypophysären
     Regelmechanismus der Nebennieren

(C) ACTH-produzierender Tumor

(D) Nebennierenrindenadenom

(E) Überangebot an exogenen Glucocorticosteroiden

(7903-050)

6.21   6.7.2   Fragentyp A2

Welche Aussage trifft <u>nicht</u> zu?
Bei einer Überproduktion von Cortisol ist mit folgenden
Symptomen zu rechnen:

(A) Steroiddiabetes

(B) negative Stickstoffbilanz

(C) Hyperkaliämie

(D) arterielle Hypertonie

(E) Osteoporose

(7909-037)

6.22   6.7.2   Fragentyp A3

Welche Aussage trifft nicht zu?
Auswirkungen eines adrenalen Cushing-Syndroms sind

(A) Stammfettsucht

(B) Atrophie des nicht tumorös veränderten Nebennieren-
    rindengewebes

(C) verminderte Glucosetoleranz

(D) Osteoporose

(E) ausgeprägte zirkadiane ACTH-Rhythmik

(8003-044)

6.23   6.7.2   Fragentyp A3

Welche Aussage trifft nicht zu?
Durch eine Langzeittherapie mit einem synthetischen
Corticosteroid-Derivat (z.B. Dexamethason) können ver-
ursacht werden:

(A) Hemmung der Na^+-Rückresorption durch Aldosteron-
    mangel

(B) Ausbildung einer Nebennierenrinden-Atrophie

(C) Absinken des Cortisol-Plasmaspiegels

(D) Suppression der ACTH-Freisetzung

(E) Veränderung der Cortisol-Tagesrhythmik

(7803-056)

6.24   6.7.2   Fragentyp A

Welche Aussage trifft zu?
Den stärksten hemmenden Einfluß auf die ACTH-Produktion
(Rückkoppelungsmechanismus) besitzt beim Menschen

(A) Aldosteron

(B) Corticosteron

(C) Cortisol

(D) 11-β-Hydroxy-androstendion

(E) Dehydro-epiandrosteron

(7903-029)

6.25	6.7.3	Fragentyp D

Primärer Hyperaldosteronismus (Conn-Syndrom) führt zu
folgenden Stoffwechselstörungen:

(1) erhöhte Renin- und Angiotensinaktivität im Serum

(2) Erhöhung des Gesamtplasmavolumens

(3) hypokaliämische Alkalose

(4) Hyponatriämie

(A) nur 1 und 3 sind richtig

(B) nur 1 und 4 sind richtig

(C) nur 2 und 3 sind richtig

(D) nur 2, 3 und 4 sind richtig

(E) 1 - 4 = alle sind richtig

(7903-112)

6.26	6.7.4	Fragentyp D

Aldosteronmangel

(1) führt typischerweise zu Störungen der Wasserrück-
    resorption in den Sammelrohren der Niere

(2) bewirkt hypotone Dehydration

(3) bewirkt Verminderung der renalen Na-Ausscheidung

(4) verursacht Ödeme

(A) nur 1 ist richtig

(B) nur 2 ist richtig

(C) nur 1 und 4 sind richtig

(D) nur 2 und 3 sind richtig

(E) nur 3 und 4 sind richtig

(7809-115)

6.27	6.7.4	Fragentyp A3

Welche Aussage trifft nicht zu?
Bei einer primären Nebennierenrindeninsuffizienz (Morbus Addison) ist mit folgenden Veränderungen zu rechnen:

(A) vermehrte ACTH-Ausschüttung

(B) Störungen des Elektrolytstoffwechsels

(C) Verminderung der 17-Hydroxycorticosteroid-Ausscheidung im Urin

(D) Erhöhung des Muskeltonus

(E) arterielle Hypotonie

(7809-071)

6.28	6.7.4	Fragentyp C

Bei einer Nebenniereninsuffizienz kann eine hypotone Dehydratation auftreten,

weil

bei Aldosteronmangel die tubuläre Na^+-Rückresorption vermindert ist.

(7903-084)

6.29	6.7.4	Fragentyp A3

Welche der folgenden Aussagen über einen Cortisolmangel trifft bei intaktem Regelkreis nicht zu?

(A) Die durch den Cortisolmangel bedingten Stoffwechselstörungen werden durch die Wirkung des regulativ erhöhten ACTH-Spiegels kompensiert.

(B) Nur bei einer primären Nebennierenrindeninsuffizienz (Morbus Addison) geht ein Mangel an Cortisol parallel mit einem Mangel anderer Nebennierenrinden-Hormone.

(C) Der Mangel kann durch einen Enzymdefekt in der Biosynthese von Cortisol verursacht sein.

(D) Die Hyperplasie der Nebennierenrinde ist beim Adrenogenitalen Syndrom ein häufiger Kompensationsmechanismus.

(E) Die Sekretion von ACTH- und CRH (Corticotropin releasing hormone) ist regulativ gesteigert.

(7909-036)

6.30	6.7.4 oder Pharmakologie 35.1.2	Fragentyp C

Bei einer kontinuierlichen Substitutionsbehandlung einer Nebennierenrindeninsuffizienz mit Hydrocortison ist die Gefahr der Entwicklung einer Osteoporose größer als bei einer antiphlogistischen Behandlung mit Dexamethason,

weil

Hydrocortison im Gegensatz zu Dexamethason eine deutlich ausgeprägte mineralocorticoide Wirkung hat.

(8003-060)

6.31	6.8	Fragentyp D

Zeichen einer Überfunktion des Nebennierenmarks können sein:

(1) Dauerhypertonie

(2) krisenhaftes Ansteigen des Blutdrucks

(3) Erhöhung der freien Fettsäuren im Serum

(4) häufige Hyperglykämien

(A) nur 2 ist richtig

(B) nur 2 und 4 sind richtig

(C) nur 1, 2 und 3 sind richtig

(D) nur 1, 3 und 4 sind richtig

(E) 1 - 4 = alle sind richtig

(7909-098)

6.32	6.8	Fragentyp C

Klinische Symptome eines Phäochromozytoms sind neben Hypertonie gesteigerte Glykogenolyse und Lipolyse,

weil

Katecholamine über das cAMP als "second messenger" bestimmte Enzyme der Glykogenolyse und Lipolyse aktivieren.

(7903-074)

6.33 6.8 Fragentyp C

Bei einem Phäochromozytom kann es zu Hochdruckkrisen
kommen,

<u>weil</u>

eine verstärkte Noradrenalin-Ausschüttung im wesentli-
chen eine Erhöhung des Herzzeitvolumens zur Folge hat.

(8003-059)

6.34 6.12.1 Fragentyp D

Überprüfen Sie die folgenden Aussagen zum Kininsystem:

(1) Eine verstärkte Kininfreisetzung ist infolge der
    kurzen Halbwertszeit der Kinine nur schwer faßbar.

(2) Die Kininwirkung kann zur Ausbildung eines Schock-
    zustandes beitragen.

(3) Kininfreisetzende Enzyme sind in einigen Organen
    und im Blutplasma vorhanden.

(4) Kinine sind am Entzündungsgeschehen beteiligt und
    können über die Erhöhung der Kapillarpermeabilität
    zur Ödembildung beitragen.

(A) nur 4 ist richtig

(B) nur 1 und 3 sind richtig

(C) nur 2 und 3 sind richtig

(D) nur 1, 2 und 3 sind richtig

(E) 1 - 4 = alle sind richtig

(7709-117)

6.35 6.18.2 Fragentyp C

Bei der malignen Entartung enterochromaffiner Zellen ist
vermehrt 5-Hydroxyindolessigsäure im Urin nachweisbar,

<u>weil</u>

5-Hydroxyindolessigsäure ein Metabolit des bei maligner
Entartung enterochromaffiner Zellen vermehrt gebildeten
Histamins ist.

(7703-092)

6.36   6.12.3   Fragentyp A3

Welche Aussage trifft <u>nicht</u> zu?
Histamin

(A) entsteht durch Decarboxylierung aus der Aminosäure
    Histidin

(B) führt aufgrund seiner bronchokonstriktorischen
    Wirkung zu allergischem Asthma

(C) wird zu 5-Hydroxy-indolessigsäure metabolisiert

(D) wird bei großen Weichteilverletzungen aus seinen
    Speicherzellen in Freiheit gesetzt

(E) ist für die Quaddelbildung nach einem Insektenstich
    mitverantwortlich

(7709-063)

7. Vitamine

7.01   7   Fragentyp A

Bei welchem der folgenden Vitamine kann durch Zufuhr
eine Hypervitaminose mit klinischen Symptomen erzeugt
werden?

(A) Vitamin K

(B) Biotin

(C) Folsäure

(D) Vitamin B_{12}

(E) mit keinem der genannten Vitamine

(7903-030)

7.02   7   Fragentyp A

Bei welchem der folgenden Vitamine kann durch Zufuhr
eine Hypervitaminose mit klinischen Symptomen erzeugt
werden?

(A) Vitamin A

(B) Vitamin E

(C) Vitamin K

(D) Vitamin B_{12}

(E) Folsäure

(7903-027)

<table>
<tr><td>7.03</td><td>7.1</td><td>Fragentyp D</td></tr>
</table>

Überprüfen Sie bitte die folgenden Aussagen über
Vitamine:

(1) Eine Überdosierung von Vitamin D bei der Rachitis-
Prophylaxe verursacht eine Hyperkalzämie, die zu
Organverkalkungen führen kann.

(2) Läßt sich ein Prothrombinmangel durch parenterale
Gabe von Vitamin K beseitigen, so kann das für das
Vorliegen eines Verschlußikterus sprechen.

(3) Die Ausscheidung von Methylmalonat im Urin kann ein
Hinweis für einen Vitamin B_{12}-Mangel sein.

(4) Da der Abbau von Histidin zu Glutaminsäure einen
folsäureabhängigen Reaktionschritt enthält, kann
zur Erkennung eines Folsäuremangels die orale
Histidinbelasting dienen.

(A) nur 1 und 3 sind richtig

(B) nur 2 und 4 sind richtig

(C) nur 1, 2 und 3 sind richtig

(D) nur 2, 3 und 4 sind richtig

(E) 1 - 4 = alle sind richtig

(7709-120)

<table>
<tr><td>7.04</td><td>7.1</td><td>Fragentyp D</td></tr>
</table>

Avitaminosen können auftreten bei

(1) Mangelernährung

(2) intestinalen Erkrankungen

(3) Antibiotika-Therapie

(4) Verschlußikterus

(A) nur 1 ist richtig

(B) nur 1 und 3 sind richtig

(C) nur 2 und 4 sind richtig

(D) nur 1, 2 und 3 sind richtig

(E) 1 - 4 = alle sind richtig

(7503-253)

7.05	7.5/14.4.2	Fragentyp A3

Welche Aussage trifft nicht zu?
Zu einem schwerwiegenden Vitamin-B_{12}-Mangel mit resultierender megaloblastärer Anämie kann es kommen bei

(A) fehlender Synthese durch die Darmflora (Antibiotika-Therapie)

(B) Malabsorption bei Erkrankung distaler Dünndarmabschnitte

(C) Atrophie der Magenschleimhaut (Gastritis)

(D) ausgedehnter Magenresektion

(E) Befall mit Fischbandwurm

(7809-069)

7.06	7.5	Fragentyp D

Vitamin B_{12}-Mangel kann folgende Ursachen haben:

(1) Zustand nach operativer Entfernung des Ileums

(2) Zustand nach Magenresektion

(3) Zustand nach Atrophie der Magenschleimhaut

(4) Sprue-Syndrom

(A) nur 3 ist richtig

(B) nur 1 und 4 sind richtig

(C) nur 2 und 3 sind richtig

(D) Nur 1, 2 und 4 sind richtig

(E) 1 - 4 = alle sind richtig

(7903-110)

8. Gastrointestinaltrakt

8.01	8.2.1	Fragentyp A3

Welche Aussage trifft <u>nicht</u> zu?
An der Ulkus-Entstehung im Magen und Duodenum können
beteiligt sein:

(A) Salzsäure-Überproduktion

(B) Gastrin-produzierende Tumoren

(C) Schleimhautschäden

(D) lokale Ischämie

(E) Hyperchlorämie

(7909-042)

8.02	8.2.3	Fragentyp D

Im Endstadium der chronisch-atrophischen Gastritis mit
Magenschleimhautatrophie

(1) wird fast kein Intrinsic factor gebildet

(2) ist die stark verminderte Salzsäureproduktion
histaminrefraktär

(3) kommt es zu einer megaloblastären Anämie

(4) ist die orale Zufuhr von Vitamin B_{12} eine geeignete
Therapie zur Heilung einer Anämie

(A) nur 1 ist richtig

(B) nur 2 und 3 sind richtig

(C) nur 1, 2 und 3 sind richtig

(D) nur 1, 3 und 4 sind richtig

(E) 1 - 4 = alle sind richtig

(7709-115)

8.03	8.3.1	Fragentyp D

Steatorrhoe kann auftreten bei

(1) Lipasemangel

(2) abnormer bakterieller Besiedlung des Dünndarms

(3) Gallensäuremangel

(4) Zöliakie

(A) nur 1 und 4 sind richtig

(B) nur 2 und 3 sind richtig

(C) nur 1, 2 und 3 sind richtig

(D) nur 2, 3 und 4 sind richtig

(E) 1 - 4 = alle sind richtig

(7903-098)

8.04	8.4.1	Fragentyp A3

Welche Aussage trifft **nicht** zu?
Die akute Pankreasnekrose (akute Pankreatitis) ist gekennzeichnet durch:

(A) Kininfreisetzung

(B) Erhöhung der α-Amylase im Serum

(C) Auftreten nach intensiven Sekretionsreizen (z.B.
Alkoholexzeß)

(D) Hypovolämie

(E) Anstieg der Serum-Cholinesterase infolge Leber-
beteiligung

(7903-047)

8.05	8.4.1	Fragentyp C

Bei der akuten Pankreatitis kommt es zur Autodigestion
von Pankreasgewebe,

weil

bei der akuten Pankreatitis Amylase und Lipase im Serum
stark erhöht sind.

(7803-082)

8.06   8.4.1   Fragentyp C

In den Fettgewebsnekrosen bei Pankreatitis finden sich
häufig Calciumsalze,

<u>weil</u>

die Pankreatitis im Zusammenhang mit einem Hyperparathyreoidismus auftreten kann.

(7903-085)

9. Leber

9.01   **9.1**   **Fragentyp A3**

Welche Aussage trifft <u>nicht</u> zu?
Bei schweren Leberzellschädigungen oder Parenchymausfall können folgende Störungen auftreten:

(A) verminderte Albuminsynthese

(B) Aszites

(C) Gerinnungsstörungen

(D) Abfall der Aktivität der Pseudocholinesterase

(E) Störung des Harnsäureabbaus

(7909-044)

9.02   **9.2.1**   **Fragentyp A3**

Welche Aussage trifft <u>nicht</u> zu?
Ein Ikterus kann verursacht sein durch

(A) Störung der Bilirubinsekretion aus der Leberzelle

(B) vermehrte Bildung von Bilirubin infolge Hämolyse

(C) vermehrte Bildung von Sterkobilinogen im Darm

(D) Behinderung des extrahepatischen Gallenabflusses

(E) verminderte Konjugation in der Leberzelle

(7803-054)

9.03   **9.2.1**   **Fragentyp A**

Welche Aussage trifft zu?
Das Auftreten von konjugiertem Bilirubin im Urin

(A) ist normal

(B) zeigt eine gesteigerte Haemolyse an

(C) zeigt einen Glucuronyl-Transferase-Mangel an

(D) zeigt eine Exkretionsstörung in der Leber an

(E) Keine der oben genannten Antworten ist richtig

(7409-255)

9.04	9.2.1	Fragentyp C

Das beim hämolytischen Ikterus vermehrt gebildete Bilirubin erscheint nicht im Urin,

<u>weil</u>

das Bilirubin von Haptoglobin gebunden wird.

(7709-085)

9.05	9.2.1	Fragentyp D

Hyperbilirubinämie mit vorwiegend konjugiertem Bilirubin
kommt vor bei

(1) hepatozellulärem Ikterus

(2) hämolytischem Ikterus

(3) Gallengangsverschluß

(4) genetisch bedingter Störung der Bilirubin-Exkretion

(A) nur 1 und 3 sind richtig

(B) nur 2 und 4 sind richtig

(C) nur 1, 2 und 3 sind richtig

(D) nur 1, 3 und 4 sind richtig

(E) 1 - 4 = alle sind richtig

(7909-101)

9.06	9.2.1	Fragentyp A3

Welche der folgenden Störungen führt <u>nicht</u> zu einer Erhöhung des unkonjugierten Bilirubins im Serum?

(A) Hämolyse

(B) Überproduktion von Bilirubin

(C) verminderte Aufnahme durch die Hepatozyten

(D) akuter Gallengangsverschluß

(E) angeborene Konjugationsdefekte

(8003-048)

9.07   9.2.1   Fragentyp C
____

Beim hepatozellulären Ikterus kommt es zum Anstieg des
konjugierten Bilirubins im Serum,

<u>weil</u>

beim hepatozellulären Ikterus die hepatische mikrosomale
Konjugation des Bilirubins vermehrt ist.

(8003-058)

9.08   9.2.4   Fragentyp A
____

Welche Aussage trifft zu?
Die Störung der Gerinnungsfunktion beim kompletten Gallen-
wegsverschluß entsteht infolge von

(A) mangelhafter Resorption von Vitamin B_{12}

(B) mangelhafter Resorption von Vitamin K

(C) Anstieg der Gallensäuren im Blut

(D) Anstieg des Bilirubins im Blut

(E) Keine der oben genannten Antworten ist richtig

(7409-262)

9.09   9.2.4   Fragentyp D
____

Störungen im Lipidstoffwechsel bei Cholestase oder
biliärer Zirrhose sind:

(1) Zunahme der Konzentration an freiem Cholesterin
    im Blut

(2) Zunahme der Konzentration von Gallensäuren im Blut

(3) Abnahme der Cholesterinester im Blut

(4) Zunahme der Ketonkörperbildung

(A) nur 1 und 2 sind richtig

(B) nur 2 und 4 sind richtig

(C) nur 1, 2 und 3 sind richtig

(D) nur 1, 3 und 4 sind richtig

(E) 1 - 4 = alle sind richtig

(8003-080)

9.10	9.3.2	Fragentyp C

Bei chronischen Leberentzündungen zeigt die Elektrophorese in der Regel einen hohen γ-Globulin-Gipfel,

__weil__

bei chronischen Leberentzündungen das Immunglobulin G
vermehrt ist.

(7803-084)

9.11	9.2.4	Fragentyp C

Bei chronischen Leberentzündungen zeigt die Elektrophorese in der Regel einen schmal-basigen hohen γ-Globulin-Gipfel,

__weil__

bei chronischen Leberentzündungen das Immunglobulin G
vermehrt ist.

(7509-261)

10. Salz-, Wasser- und Säure-Basen-Haushalt

10.01 **10.1** **Fragentyp D**

Änderungen des Hämatokrits sind zu erwarten

(1) bei Zunahme der extrazellulären Osmolarität

(2) während einer hämolytischen Krise

(3) bei Anstieg des mittleren Erythrozytenvolumens

(4) bei Polyglobulie

(A) nur 2 ist richtig

(B) nur 4 ist richtig

(C) nur 2 und 4 sind richtig

(D) nur 1, 3 und 4 sind richtig

(E) 1 - 4 = alle sind richtig

(7809-119)

10.02 **10.1** **Fragentyp D**

Ursachen eines Natriumionen-Mangels können sein:

(1) erhöhte Verluste von Sekret des Gastrointestinal-
traktes

(2) Nebennierenrinden-Insuffizienz

(3) chronische Pyelonephritis ohne Störung der Nebennierenfunktion

(4) kochsalzarme Kost

(A) nur 1 und 2 sind richtig

(B) nur 2 und 4 sind richtig

(C) nur 1, 2 und 3 sind richtig

(D) nur 1, 3 und 4 sind richtig

(E) 1 - 4 = alle sind richtig

(8003-073)

10.03	10.1.1	Fragentyp A

Welche Aussage trifft zu?
Isotone Dehydration kann entstehen auf Grund von

(A) osmotischer Diurese durch Infusion von 1,8%iger
    NaCl-Lösung

(B) Verlust extrazellulärer Flüssigkeit

(C) Erniedrigung des kolloid-osmotischen Druckes im Blut

(D) Verschiebung von Wasser aus dem extrazellulären in
    den intrazellulären Raum

(E) vermehrter isotoner renaler Natriumretention

(7709-044)

10.04	10.1.3	Fragentyp D

Hypertone Dehydratation kann auftreten bei

(1) Fieber, Schwitzen

(2) Diabetes insipidus

(3) chronisch oligurischer Niereninsuffizienz

(4) osmotischer Diurese bei Diabetes mellitus

(A) nur 1 und 3 sind richtig

(B) nur 1, 2 und 4 sind richtig

(C) nur 1, 3 und 4 sind richtig

(D) nur 2, 3 und 4 sind richtig

(E) 1 - 4 = alle sind richtig

(7903-108)

10.05	10.2.1	Fragentyp A

Welche Aussage trifft zu?
Hypokaliämie

(A) wird durch eine Zufuhr von ca. 10 mmol Kalium/Tag
    ausreichend kompensiert

(B) zeigt manifeste Mangelsymptome bei Kalium-Werten
    von ca. 5,2 mmol/l Serum

(C) kann bei Insulinbehandlung des Coma diabeticum auf-
    treten

(D) zeigt im EKG hohe, zeltförmige T-Wellen und Ver-
    kürzung der QT-Zeit

(E) tritt regelmäßig bei akuter Anurie auf

(7703-068)

10.06	10.2.1	Fragentyp D

Ein Kaliummangelsyndrom (Hypokaliämie)

(1) liegt vor, wenn der Serumkaliumspiegel unter
    3,3 mmol/l liegt

(2) kann durch Verlust kaliumhaltiger Sekrete des
    Magen-Darmtraktes eintreten

(3) tritt bei primärem und sekundärem Hyperaldosteronis-
    mus auf

(4) ist von neuromuskulären Symptomen begleitet

(A) nur 1 und 3 sind richtig

(B) nur 1 und 4 sind richtig

(C) nur 1, 2 und 3 sind richtig

(D) nur 2, 3 und 4 sind richtig

(E) 1 - 4 = alle sind richtig

(7809-114)

10.07	10.2.2	Fragentyp A

Welche Aussage trifft zu?
Hyperkaliämie tritt häufig auf bei

(A) Überfunktion der Nebennierenrinde

(B) Nieren-Insuffizienz

(C) chronischem Erbrechen

(D) Steigerung der Diurese

(E) Keine der Angaben ist richtig

(7803-022)

10.08	10.2.2	Fragentyp A3

Welche Aussage trifft nicht zu?
Hyperkaliämie (Plasma-Kalium > 8 mmol/l) ist

(A) die Folge eines Hyperaldosteronismus

(B) lebensbedrohlich, wegen der Flimmerneigung des
    Herzens

(C) die Folge eines chronischen Nierenversagens

(D) die Folge einer schweren Hämolyse

(E) häufig gekoppelt mit nicht-respiratorischer
    (metabolischer) Azidose

(7709-060)

10.09   10.3.4   Fragentyp A3

Welche Aussage trifft <u>nicht</u> zu?
Die Bildung von Ödemen wird durch folgende Zustände
gefördert:

(A) verminderten Lymphabfluß

(B) vermehrte Permeabilität der Kapillaren für Protein

(C) verstärkte Na^+-Retention durch die Niere

(D) Erhöhung des kolloidosmotischen Drucks im Plasma

(E) Erhöhung des mittleren hydrostatischen Kapillar-
drucks

(7903-055)

10.10   10.4   Fragentyp A

Welche Aussage trifft zu?
Bei einer Analyse des Säure-Basen-Status im arteriellen
Blut haben sich folgende Werte ergeben:
pH: 7,34
CO_2-Partialdruck: 8,5 kPa (64 mm Hg)
Basenüberschuß (BE): +5 mmol/l

Es handelt sich hierbei um eine

(A) teilweise kompensierte respiratorische Alkalose

(B) nicht kompensierte respiratorische Azidose

(C) voll kompensierte nichtrespiratorische Alkalose

(D) teilweise kompensierte nichtrespiratorische Azidose

(E) teilweise kompensierte respiratorische Azidose

(7809-036)

10.11   10.4.1   Fragentyp C

Im diabetischen Koma tritt eine Hyperhydratation auf,

<u>weil</u>

sich im diabetischen Koma infolge verminderter osmotischer Diurese Ödeme entwickeln.

(7809-091)

10.12	10.4.1	Fragentyp A

Welche Aussage trifft zu?
Schwere chronische Diarrhoe kann zur nicht-respiratorischen Azidose führen, weil

(A) die Salzsäure-Produktion des Magens stimuliert wird

(B) bei Flüssigkeitsverlust die Nieren nur noch ungenügend Bicarbonat resorbiert

(C) die Pankreassekrete den Darminhalt nicht mehr ausreichend neutralisieren können

(D) intestinale Sekrete viel Bicarbonat enthalten

(E) Darmbakterien resorbiert werden

(7709-046)

10.13	10.4.1	Fragentyp A3

Welche Aussage trifft nicht zu?
Eine nichtrespiratorische (metabolische) Azidose

(A) kann bei schwerer Muskelarbeit auftreten

(B) kann durch vermehrte Bildung von Ketonkörpern hervorgerufen werden

(C) kann durch alveoläre Hypoventilation kompensiert werden

(D) führt bei normaler Nierenfunktion zu einer Steigerung der renalen H^+-Ausscheidung

(E) ist durch einen negativen Basenüberschuß (BE) charakterisiert

(8003-042)

10.14 10.4.1 Fragentyp D

Metabolische Azidose kann ausgelöst werden durch

(1) Diabetes mellitus

(2) Diabetes insipidus

(3) chronische Niereninsuffizienz

(4) Überfunktion der Nebennierenrinde

(A) nur 1 und 3 sind richtig

(B) nur 2 und 3 sind richtig

(C) nur 2 und 4 sind richtig

(D) nur 1, 3 und 4 sind richtig

(E) 1 - 4 = alle sind richtig

(8003-079)

10.15 10.4.2 Fragentyp D

Eine primär respiratorische Azidose kann man erwarten bei

(1) Kyphoskoliose

(2) Urämie

(3) Coma diabeticum

(4) Lungenemphysem

(A) nur 4 ist richtig

(B) nur 1 und 4 sind richtig

(C) nur 2 und 3 sind richtig

(D) nur 1, 2 und 4 sind richtig

(E) nur 1, 3 und 4 sind richtig

(7903-105)

10.016 10.4.2 Fragentyp C

Bei einer stark ausgeprägten respiratorischen Azidose kann es zu tetanischen Krämpfen kommen,

weil

die Konzentration des ionisierten Calciums im Plasma vom jeweiligen pH-Wert abhängig ist.

(7809-090)

10.17   10.4.3   Fragentyp A

Bei einem Patienten wurden folgende Werte für den Säure-
Basen-Status im arteriellen Blut gemessen:
pH: 7,53
CO_2-Partialdruck: 56 mbar (42 mm Hg)
Basenüberschuß (BE): +10 mmol/l

Welcher pathologische Zustand könnte diesem Befund entsprechen?

(A) Schock

(B) Diabetes mellitus

(C) obstruktive Ventilationsstörung

(D) chronisches Erbrechen

(E) chronische Niereninsuffizienz

(7909-023)

10.18   10.4.3   Fragentyp C

Eine metabolische Alkalose wird durch Kaliummangel verstärkt,

weil

bei Kaliummangel die tubuläre Kaliumsekretion teilweise
durch eine Sekretion von Wasserstoffionen ersetzt wird.

(7903-082)

10.19   10.4.4   Fragentyp C

Bei Hyperventilation kann es zu Tetanie kommen,

weil

bei erniedrigtem arteriellem Partialdruck von CO_2
ionisiertes Calcium im Blut ansteigt.

(7709-091)

10.20   10.4.4   Fragentyp D

Welche der folgenden Begriffe passen zu einer respiratorischen Alkalose?

(1) Tetanie

(2) vermehrte Ionisation von Calcium im Plasma

(3) kompensatorischer Abfall der HCO_3^--Konzentration im Plasma

(4) Minderung der Hirndurchblutung

(A) nur 1 und 2 sind richtig

(B) nur 1 und 3 sind richtig

(C) nur 3 und 4 sind richtig

(D) nur 1, 3 und 4 sind richtig

(E) 1 - 4 = alle sind richtig

(8003-072)

10.21   10.4.5   Fragentyp A

Welche Aussage trifft zu?
Erhöhte Tetanie-Bereitschaft mit Zunahme der neuromuskulären Erregbarkeit ist zu erwarten, wenn im Blutplasma (bei jeweils etwa normaler Konzentration aller übrigen Elektrolyte) die Aktivität von

(A) Ca^{++} ansteigt

(B) K^+ abfällt

(C) Mg^{++} ansteigt

(D) H^+ abfällt

(E) Keine der Aussagen trifft zu

(7909-025)

11. Niere

11.01 | **11.2.1** | **Fragentyp D**

Proteinurie kann auftreten als Folge

(1) einer tubulären Sekretion pathologischer Eiweiße
    in der Niere

(2) eines Mißverhältnisses der Eiweißdurchlässigkeit
    der Glomerulummembran und der Protein-Resorptions-
    kapazität des proximalen Tubulus

(3) jedes erhöhten Blutdruckes, weil dadurch mehr
    Eiweiße durch das glomeruläre Filter gepreßt werden

(4) einer Filtration von pathologischen Eiweißen ohne
    glomeruläre Permeabilitätssteigerung

(A) nur 2 ist richtig

(B) nur 1 und 2 sind richtig

(C) nur 1 und 3 sind richtig

(D) nur 2 und 4 sind richtig

(E) 1 - 4 = alle sind richtig

(7703-113)

11.02 | **11.2.1** | **Fragentyp D**

Proteinurie findet man typischerweise

(1) nach schwerer Muskelarbeit

(2) bei Verschluß einer Nierenvene

(3) bei Hypervolämie (z.B. Infusion von Dextranlösung)

(4) Bei Erhöhung der Aldosteronkonzentration im Blut

(A) nur 2 ist richtig

(B) nur 1 und 2 sind richtig

(C) nur 1 und 3 sind richtig

(D) nur 2 und 4 sind richtig

(E) nur 3 und 4 sind richtig

(8003-076)

11.03   11.2.2   Fragentyp A3

Welche Aussage trifft <u>nicht</u> zu?
Zum nephrotischen Syndrom gehören definitionsgemäß
folgende Symptome:

(A) Hypoproteinämie

(B) Proteinurie

(C) Ödeme

(D) Lipidurie

(E) Hypertonie

(7803-060)

11.04   11.3   Fragentyp A3

Welche Aussage trifft <u>nicht</u> zu?
Akutes Nierenversagen

(A) kann durch Nephrotoxine ausgelöst werden

(B) endet häufig in einer Defektheilung mit Nieren-
     funktionsstörungen

(C) ist durch generalisierte Ödembildung charakterisiert

(D) ist eine Krankheit, der oft eine Schocksymptomatik
     vorangeht

(E) ist lebensbedrohlich durch die Hyperkaliämie

(7909-033)

11.05   11.3.4   Fragentyp A

Welche Aussage trifft zu?
Die größte Gefahr nach überstandener Frühphase eines
mit akutem Nierenversagen einhergehenden traumatischen
Kreislaufschocks droht dem Patienten bei weiterhin si-
stierender Urinsekretion in der Regel aufgrund der ein-
tretenden

(A) hypotonen Hyperhydratation (Wasservergiftung)

(B) arteriellen Hypertonie (vermehrte Reninausschüttung)

(C) Hyperkaliämie (K^+-Retention)

(D) Urikämie (Harnsäureretention)

(E) Hypernatriämie (Na^+-Retention)

(7809-035)

Welche Aussage trifft zu?
Anämie tritt im Zusammenhang mit Nierenerkrankungen auf,
weil

(A) Erythrozyten beim Durchfluß durch die kranke Niere
    geschädigt und daher vermehrt abgebaut werden

(B) vermehrt Erythrozyten hämolysiert werden

(C) ein die Erythrozytenbildung stimulierender Faktor
    nur noch ungenügend gebildet wird

(D) bei Nierenerkrankungen Störungen des Eisenhaushaltes
    im Vordergrund stehen

(E) die Niere als blutbildendes Organ ausfällt

(7709-043)

Welche Aussagen bei Nierenfunktionsstörungen treffen zu?

(1) Eine verminderte Bildung von Ammoniumionen führt
    zur verminderten Protonenausscheidung.

(2) Bei glomerulären Nephropathien bedingt die Zunahme
    der Konzentration harnpflichtiger Substanzen in dem
    noch funktionsfähigen Nephron eine osmotische Diurese.

(3) Die Gegenregulation einer Phosphatretention bei chro-
    nischer Niereninsuffizienz ist eine Senkung des Cal-
    ciumspiegels im Blut.

(4) Die Störung der Na^+-Rückresorption ist Frühsymptom
    einer schweren Nierenschädigung.

(A) nur 1 und 3 sind richtig

(B) nur 2 und 4 sind richtig

(C) nur 1, 2 und 3 sind richtig

(D) nur 1, 3 und 4 sind richtig

(E) 1 - 4 = alle sind richtig

(7909-102)

| 11.08 | 11.4.3 | Fragentyp C |

Bei der chronischen Niereninsuffizienz tritt eine Tetanie trotz Hyperkalzämie nur selten auf,

weil

eine bei chronischem Nierenversagen auftretende Azidose Ca^{++} verstärkt aus der Proteinbindung löst.

(7909-059)

| 11.09 | 11.5 | Fragentyp C |

Bei Isosthenurie beträgt die Osmolarität des Urins etwa 300 mosmol/l,

weil

bei Ausfall von ADH die osmotische Äquilibrierung zwischen Tubulusflüssigkeit (distaler Tubulus, Sammelrohr) und umgebendem Nierengewebe ausbleibt.

(7903-080)

12. Binde- und Stützgewebe

12.01   12.4   Fragentyp D

Vermehrung des kollagenen Bindegewebes

(1) findet man bei Lungenfibrose

(2) ist charakteristisch für das späte Stadium der
    Leberzirrhose

(3) in der Leber ist mit einer Verminderung der Muco-
    polysaccharide verbunden

(4) findet man bei rheumatischer Endokarditis

(A) nur 1 ist richtig

(B) nur 1 und 3 sind richtig

(C) nur 2 und 3 sind richtig

(D) nur 1, 2 und 4 sind richtig

(E) 1 - 4 = alle sind richtig

(7809-116)

12.02   12.5   Fragentyp A3

Welche Aussage trifft <u>nicht</u> zu?
Außer Parathormon und Calcitonin wirken folgende Hormone
auf den Knochenstoffwechsel:

(A) somatotropes Hormon

(B) Mineralocorticoide

(C) Östrogen

(D) Schilddrüsenhormone

(E) Glucocorticoide

(7903-051)

12.03	12.5	Fragentyp C

Die Parathormon-induzierte Stimulation der Osteoklasten führt nur zum Anstieg des Calciumspiegels im Plasma und nicht auch des Phosphatspiegels,

weil

Parathormon die renale Phosphatausscheidung erhöht.

(8003-054)

12.04	12.5.1	Fragentyp A3

Welche Aussage trifft für einen Hyperparathyreoidismus nicht zu?

(A) Hyperkalzämie-bedingte Muskelerschlaffungen sind Ausdruck einer neuromuskulären Untererregbarkeit.

(B) Die vermehrte Parathormonsekretion bei chronischer Niereninsuffizienz ist auf eine erhöhte Calcium-ausscheidung zurückzuführen.

(C) Führt eine Calciumgabe nur zu einer geringen Senkung der Phosphatausscheidung, so kann ein primärer (autonomer) Hyperparathyreoidismus vorliegen.

(D) Ein länger anhaltender sekundärer Hyperparathyreoidismus verursacht eine Hyperplasie des Nebenschilddrüsengewebes.

(E) Vitamin-D-Intoxikation kann Ursache einer Hyperkalzämie sein und einen Hyperparathyreoidismus vortäuschen.

(7809-066)

12.05	12.5.4	Fragentyp D

Die Osteoporose

(1) ist durch einen Mangel an Knochenmatrix (Kollagen und Grundsubstanz) gekennzeichnet

(2) kann lokalisiert und generalisiert auftreten

(3) ist bei Verminderung der Nebennierenfunktion häufig

(4) kann durch Wegfall mechanischer Beanspruchung ausgelöst werden

(A) nur 1 und 2 sind richtig

(B) nur 2 und 3 sind richtig

(C) nur 1, 2 und 4 sind richtig

(D) nur 1, 3 und 4 sind richtig

(E) nur 2, 3 und 4 sind richtig

(8003-078)

| 12.06 | 12.5.2 | Fragentyp A3 |

Welche Aussage trifft <u>nicht</u> zu?
Bei Vitamin-D-Mangel kommt es zu folgenden Veränderungen
im Stoffwechsel:

(A) erhöhte Hydroxyprolinausscheidung im Harn

(B) Phosphaturie

(C) erhöhte alkalische Phosphataseaktivität im Plasma

(D) erhöhte PO_4-Resorption im Darm

(E) verminderte Ca-Resorption im Darm

(7503-263)

| 12.07 | 12.5.4 | Fragentyp D |

Welche Aussagen treffen zu?

(1) Bei Beginn einer Osteoporose bleiben trotz Verminderung des Mineralgehalts im Knochen dessen äußere
Form meist erhalten.

(2) Klinisch häufigstes Symptom der Osteoporose ist der
Schmerz.

(3) Oestrogene hemmen den Knochenabbau.

(4) Nach Glukokorticoidmedikation kann Osteoporose auftreten.

(A) nur 1 und 2 sind richtig

(B) nur 2 und 4 sind richtig

(C) nur 3 und 4 sind richtig

(D) nur 2, 3 und 4 sind richtig

(E) 1 - 4 = alle sind richtig

(7703-114)

13. Malignes Wachstum

13.01	13.1	Fragentyp A3

Welche Aussage trifft <u>nicht</u> zu?
Bei folgenden Reinsubstanzen ist experimentell eine
kanzerogene Wirkung nachgewiesen:

(A) Methylcholanthren

(B) Benzpyren

(C) Nikotin

(D) β-Naphthylamin

(E) Nitrosamine

(7809-057)

13.02	13.3	Fragentyp A2

Welche Aussage trifft <u>nicht</u> zu?
Eine Tumorzelle (maligne transformierte Zelle) unter-
scheidet sich von einer Normalzelle häufig durch folgende Merkmale:

(A) Auftreten neuer Oberflächenantigene

(B) verstärkte Agglutinierbarkeit durch Lectine

(C) veränderte Ladungsdichte der Glykoproteine und
    Glykolipide der Zellmembran

(D) Bildung tumorspezifischer Glykolyseenzyme

(E) fehlende Hemmung der Zellteilung bei Zell-Zellkontakt

(7909-041)

14. Blut und blutbildende Organe

| 14.01 | 14.3 | Fragentyp A |

Welche Aussage trifft zu?
Ein pathologisch vermehrter Hämoglobinabbau führt

(A) zu Eisenmangel

(B) zur Hämoglobinurie

(C) zum Anstieg der Konzentration des indirekten Bilirubins im Serum

(D) zu vermehrter Bilirubinausscheidung im Harn

(E) zu keiner der angegebenen Veränderungen

(7709-047)

| 14.02 | 14.4 oder 14.5 | Fragentyp A3 |

Welche Antwort trifft <u>nicht</u> zu?
Die Erythropoese ist bei einem Mangel folgender Faktoren beeinträchtigt:

(A) Vitamin B_{12}

(B) Pyridoxin

(C) Eisen-Ionen

(D) Wachstumshormon

(E) Folsäure

(7703-087)

14.03   14.5.2   Fragentyp A

Welchen Einfluß hat Blei auf die Erythropoese?

(A) Hemmung der Eisenresorption

(B) Blockade der Haemsynthese

(C) Hemmung der erythropoetischen Wirkung der Gluko-
    korticoide

(D) Vitamin B_{12}-Antagonismus

(E) Stimulation der Erythropoietinsynthese

(7709-045)

14.04   14.5.3   Fragentyp A3

Welche der folgenden Ursachen kommt für eine verminderte
Eisenkonzentration im Serum nicht in Frage?

(A) chronischer Blutverlust

(B) chronische Infektionskrankheit

(C) alimentär zu geringes Angebot

(D) verstärkte renale Ausscheidung

(E) Schwangerschaft

(7909-046)

14.05   14.5.3   Fragentyp C

Eine monatliche Menstruationsblutung, die regelmäßig
über 150 ml beträgt, ist ein Grund für die Entwicklung
einer Eisenmangelanämie,

weil

in 150 ml Blut ungefähr 75 mg Eisen enthalten sind und
die monatliche Eisenresorption normalerweise niedriger
liegt.

(7703-094)

14.06 14.5.3 Fragentyp A
____

Welche Aussage trifft zu?
Für eine unbehandelte Eisenmangelanämie ist charakteristisch:

(A) erhöhter Hb_E (mittlerer Hämoglobingehalt des ein-
    zelnen Erythrozyten)

(B) Megalozyten im peripheren Blut

(C) vermehrt Retikulozyten im peripheren Blut

(D) Anulozyten im peripheren Blut

(E) erhöhte LDH-Aktivität im Serum

(8003-034)

14.07 14.5.3 Fragentyp A3
____

Welche Aussage trifft nicht zu?
Hypochrome Anämie

(A) kann durch Malabsorption von Eisen aus dem Intesti-
    naltrakt verursacht sein

(B) beim Säugling ist häufig durch ungenügenden Eisen-
    gehalt in der Nahrung bedingt

(C) ist charakteristischerweise an einer Vergrößerung
    der Einzelerythrozyten bei gleichzeitiger Hb-Ver-
    minderung zu erkennen

(D) ist mit einer Verminderung des Färbekoeffizienten
    verbunden

(E) kann bei Frauen durch verstärkte Regelblutung ver-
    ursacht werden

(8003-039)

| 14.08 | 14.8 | Fragentyp A |

Welche Aussage trifft zu?
Die Halbwertszeit der neutrophilen Granulocyten im peripheren Blut beträgt etwa

(A) 10 Minuten

(B) 6 - 8 Stunden

(C) 6 - 8 Tage

(D) 30 Tage

(E) 100 Tage

(7503-256)

| 14.09 | 14.10 | Fragentyp B |

Welche Aussage trifft nicht zu?
Die Blutstillung nach einer Schnittverletzung o.ä.,
kommt zustande durch

(A) lokale Vasokonstriktion

(B) Thrombozytenaggregation und -adhäsion

(C) lokale Freisetzung vasoaktiver Amine

(D) Fibrinthrombusbildung mit Einschluß von Erythrozyten

(E) gesteigerte Prothrombinbildung

(7909-034)

| 14.10 | 14.10.2 | Fragentyp A |

Die unten angeführten Erkrankungen gehen mit Störungen
der Blutgerinnung einher. Bei welcher erscheint eine
parenterale Behandlung mit Vitamin K sinnvoll?

(A) idiopathische Thrombozytopenie

(B) Hämophilie A

(C) Leberzirrhose

(D) kongenitale Hypoprothrombinämie

(E) Verschlußikterus

(7809-034)

14.11   14.10.3   Fragentyp C

Die Hämophilie A ist bei Frauen selten,

<u>weil</u>

bluterkranke Männer zeugungsfähig sind.

(7803-079)

14.12   14.10.5   Fragentyp D

Beim traumatischen Schock tritt eine typische Verbrauchskoagulopathie auf.
Hierbei ist im Blut

(1) Fibrinogen erniedrigt

(2) die Thrombozytenzahl erniedrigt

(3) die Plasminaktivität erniedrigt

(4) Proakzelerin (Faktor V) erniedrigt

(A) nur 1 und 2 sind richtig

(B) nur 3 und 4 sind richtig

(C) nur 1, 2 und 4 sind richtig

(D) nur 2, 3 und 4 sind richtig

(E) 1 - 4 = alle sind richtig

(7903-102)

14.13   14.10.5   Fragentyp A3

Welche Aussage trifft <u>nicht</u> zu?
Bei der Verbrauchskoagulopathie werden verbraucht:

(A) Plättchen

(B) Fibrinogen

(C) Calciumionen

(D) Prothrombin

(E) Faktor V

(7803-055)

<u>14.14</u>   <u>14.10.5</u>   <u>Fragentyp C</u>

Eine Injektion von Heparin ist bei schockbedingter
Verbrauchskoagulopathie angezeigt,

<u>weil</u>

Heparin ein Plasmin-Hemmstoff ist.

(7803-083)

15. Herz

15.01	15.1	Fragentyp A

Bei welchem der folgenden Klappenfehler mit manifester Herzinsuffizienz besteht eine Schlagvolumenbelastung des linken Ventrikels und eine mäßige Druckbelastung des rechten Ventrikels?

(A) Aortenklappenstenose

(B) Pulmonalklappenstenose

(C) Pulmonalklappeninsuffizienz

(D) Mitralklappeninsuffizienz

(E) Mitralklappenstenose

(7809-037)

15.02	15.1.1	Fragentyp A

Bei welchem der genannten Herzklappenfehler kann das systolische Druckmaximum des rechten Ventrikels u.U. das des linken Ventrikels übersteigen?

(A) Aortenklappeninsuffizienz

(B) Mitralklappeninsuffizienz

(C) Trikuspidalklappenstenose

(D) Pulmonalklappenstenose

(E) Aortenklappenstenose

(7909-024)

15.03	15.1.1	Fragentyp A

Bei welcher der genannten Herzkrankheiten besteht die
größte Differenz zwischen dem systolischen Blutdruck
und dem linksventrikulären Druckmaximum?

(A) Linksventrikuläre Herzinsuffizienz nach Myokard-
    infarkt

(B) Mitralklappeninsuffizienz

(C) Mitralklappenstenose

(D) Aortenklappeninsuffizienz

(E) Aortenklappenstenose

(7909-028)

15.04	15.1.1	Fragentyp A

Welche Aussage trifft zu?
Eine vollkompensierte reine Aortenklappenstenose ist
charakterisiert durch

(A) eine größere Blutdruckamplitude in peripheren
    Systemarterien

(B) ein diastolisches Geräusch über der Herzbasis

(C) den Anstieg des linken Vorhofdrucks während der
    Ventrikelsystole

(D) die Zunahme des mittleren Muskelfaserquerschnitts
    im linksventriculären Myokard

(E) einen steileren Anstieg des Aortendruckpulses

(7509-254)

15.05	15.1.1	Fragentyp D

Welche der genannten pulmonalen und kardialen Störungen
können als Folge einer schweren Mitralklappenstenose
auftreten?

(1) Lungenödem

(2) Vorhofflimmern

(3) Tachyarrhythmie

(4) Dilatation des linken Ventrikels

(A) nur 1 und 2 sind richtig

(B) nur 3 und 4 sind richtig

(C) nur 1, 2 und 3 sind richtig

(D) nur 2, 3 und 4 sind richtig

(E) 1 - 4 = alle sind richtig

(8003-077)

15.06	15.2.2	Fragentyp C

Akute Linksherzinsuffizienz macht strikte Horizontal-
lagerung des Patienten notwendig,

weil

bei Übergang zu Orthostase auf Grund ausgeprägter Blut-
verlagerung in die Beine das kardiale Füllungsvolumen
absinkt.

(7903-078)

15.07	15.2.3	Fragentyp A

Welche Aussage trifft zu?
Ausgedehnte Verlegung der Lungengefäße durch abgelöste
Thromben, z.B. aus dem Bereich Becken-untere Extremitä-
ten kann primär führen zur

(A) Rechts-Herz-Insuffizienz

(B) Zunahme des Schlagvolumens

(C) Links-Herz-Insuffizienz

(D) Zunahme des enddiastolischen Füllungsdrucks im
    linken Ventrikel

(E) Keine der Aussagen trifft zu

(7703-069)

15.08	15.2.3	Fragentyp A3

Welche Aussage trifft nicht zu?
Merkmale der chronischen Rechts-Herzinsuffizienz sind

(A) Stauungsmilz

(B) Stauungsfettleber (Muskatnußleber)

(C) Ödeme der abhängigen Partien

(D) Aszites

(E) Lungenödem

(7803-057)

15.09   15.2.3   Fragentyp A3

Welche Aussage trifft <u>nicht</u> zu?
Bei einer chronisch dekompensierten Rechtsherzinsuffizienz finden sich in der Regel folgende Veränderungen:

(A) Hypovolämie

(B) Nykturie

(C) isotone Hyperhydration

(D) Belastungstachykardie

(E) erhöhter Tonuszustand peripherer Kapazitätsgefäße

(8003-040)

15.10   15.2.5   Fragentyp C

Bei einer dekompensierten Myokardinsuffizienz mit ausgeprägter Ventrikeldilatation ist in der Regel das
kardiale Auswurfvolumen reduziert,

<u>weil</u>

nach dem Frank-Starling-Mechanismus das Schlagvolumen
des Herzens eine Funktion des enddiastolischen Dehnungs-
zustands der Myokardfasern darstellt.

(7909-060)

15.11   15.3   Fragentyp C

Typisch für eine akute Coronarinsuffizienz ist ein Absinken des O_2-Partialdrucks im Coronarvenenblut unter
den O_2-Partialdruck in der Arteria pulmonalis,

<u>weil</u>

eine Coronarinsuffizienz durch ein Mißverhältnis zwischen O_2-Angebot durch das Blut und O_2-Bedarf der Herz-
muskulatur ausgelöst wird.

(7703-092)

15.12   15.3   Fragentyp C

Bei der akuten Coronarinsuffizienz erfolgt als Gegenregulation zum O_2-Mangel im Herzmuskel eine bessere
O_2-Verwertung mit einer daraus resultierenden wesentlich
größeren arteriovenösen O_2-Differenz,

<u>weil</u>

die akute Coronarinsuffizienz durch ein Mißverhältnis
zwischen Sauerstoffangebot und O_2-Bedarf des Herzsmus-
kels charakterisiert ist.

(7709-083)

15.13   15.3.2   Fragentyp C

Bei manifester Koronarinsuffizienz finden sich die
ersten morphologisch faßbaren Schäden besonders häufig
in den subendokardialen Wandschichten des linken Ventrikels,

<u>weil</u>

in den subendokardialen Wandschichten des linken Ventrikels unter anderem der Einfluß des intramuralen
Drucks auf den lokalen Koronargefäßwiderstand am größten
ist.
(7903-079)

15.14   15.4.2   Fragentyp D

Beim AV-Knotenrhythmus mit intakter AV-Überleitung

(1) tritt eine supraventrikuläre Tachykardie auf

(2) ist der QRS-Komplex stark verbreitert

(3) tritt eine vollständige Dissoziation zwischen
    QRS Komplexen und P-Wellen auf

(4) bleibt stärkere QRS-Deformierung meist aus

(A) nur 2 ist richtig

(B) nur 3 ist richtig

(C) nur 4 ist richtig

(D) nur 1 und 3 sind richtig

(E) nur 3 und 4 sind richtig

(7903-099)

16. Kreislauf

16.01 **16.1** Fragentyp D

Zu den typischen Akutauswirkungen eines mittelschweren
Blutverlustes (10-20% des Gesamtblutvolumens) gehören
unter anderem

(1) reduzierte Blutdruckamplitude in der Aorta

(2) Absinken des Druckes im linken Vorhof

(3) herabgesetzte renale NaCl- und Wasserausscheidung

(4) Verminderung des mittleren Kapillardruckes im
    Systemkreislauf

(A) nur 2 und 3 sind richtig

(B) nur 2 und 4 sind richtig

(C) nur 3 und 4 sind richtig

(D) nur 1, 2 und 4 sind richtig

(E) 1 - 4 = alle sind richtig

(7803-098)

16.02 **16.1** Fragentyp A

Welche Aussage trifft zu?
Die mittlere Arm-Ohr-Kreislaufzeit ist verlängert bei

(A) schwerer Anämie

(B) Hyperthyreose

(C) Herzvitien mit Rechts-Links-Shunt

(D) dekompensierter Rechtsherzsinsuffizienz

(E) Fieber

(7909-026)

16.03	16.1.2	Fragentyp A3

Welche Aussage trifft <u>nicht</u> zu?
Beim akuten hämorrhagischen Schock findet man:

(A) Erniedrigung des Herzminutenvolumens

(B) Erhöhung des peripheren Strömungswiderstandes

(C) Erniedrigung des Blutvolumens

(D) Erhöhung der Herzfrequenz

(E) Erhöhung der Blutdruckamplitude

(7709-066)

16.04	16.1.2	Fragentyp C

Die Zentralisierung des Blutkreislaufes beim Schock
kann mit einer Einschränkung der Nierenfunktion einhergehen,

<u>weil</u>

infolge der Vasokonstriktion beim Schock die Nierendurchblutung und die glomeruläre Filtrationsrate vermindert sind.

(7903-081)

16.05	16.1.4	Fragentyp D

Die Hautgefäße der Akren werden weit bei

(1) heißer Umgebung

(2) Beginn der Fieberreaktion

(3) Noradrenalinwirkung

(4) starker Überfunktion der Schilddrüse

(A) nur 1 und 2 sind richtig

(B) nur 1 und 4 sind richtig

(C) nur 3 und 4 sind richtig

(D) nur 1, 2 und 4 sind richtig

(E) 1 - 4 = alle sind richtig

(7903-104)

16.06	16.1.4	Fragentyp D

Der zentrale Venendruck ist

(1) bei negativer Druckatmung (Inspiration gegen Widerstand) erhöht

(2) bei positiver Druckatmung (Exspiration gegen Widerstand) erniedrigt

(3) im hämorrhagischen Schock in der Regel vermindert

(4) bei dekompensierter Rechtsherzinsuffizienz erhöht

(A) nur 4 ist richtig

(B) nur 1 und 3 sind richtig

(C) nur 3 und 4 sind richtig

(D) nur 1, 2 und 3 sind richtig

(E) 1 - 4 = alle sind richtig

(8003-071)

16.07	16.2.1	Fragentyp A3

Welche Aussage trifft <u>nicht</u> zu?
Eine Hypertonie kann verursacht werden durch eine
Erhöhung

(A) des Herzzeitvolumens (z.B. bei Hyperthyreose)

(B) des peripheren Gesamtwiderstandes (z.B. bei Arte-
riolenkonstriktion)

(C) der Reninausschüttung (z.B. bei chronischen Nierenerkrankungen)

(D) der Na^+-Ausscheidung (z.B. bei Morbus Addison)

(E) der Adrenalin- oder Noradrenalinausschüttung
(z.B. beim Phäochromozytom)

(7903-054)

16.08	16.2.1/17.6.4	Fragentyp D

Eine pulmonale Hypertonie kann auftreten als Folge
einer/eines

(1) Pulmonalklappenstenose

(2) Mitralklappeninsuffizienz

(3) Ventrikelseptumdefektes

(4) obstruktiven Lungenemphysems

(A) nur 1 und 4 sind richtig

(B) nur 2 und 3 sind richtig

(C) nur 1, 2 und 3 sind richtig

(D) nur 2, 3 und 4 sind richtig

(E) 1 - 4 = alle sind richtig

(7909-099)

16.09   16.2.3   Fragentyp C

Bei Neigung zu orthostatischer Dysregulation führt ein Positionswechsel vom Liegen zum Stehen häufig zu einem Abfall des systolischen Blutdruckes,

weil

ein Positionswechsel vom Liegen zum Stehen bei orthostatischer Dysregulation in der Regel eine Abnahme der Herzfrequenz bewirkt.

(7903-077)

16.10   16.3.1   Fragentyp A3

Welche Aussage trifft <u>nicht</u> zu?
Die Abgabebedingungen von O_2 aus dem Blut an das Gewebe werden verbessert durch

(A) pH-Erniedrigung im Blut

(B) Gewebsacidose (verursacht durch CO_2-Erhöhung)

(C) Erhöhung des arteriellen P_{CO_2}

(D) willkürliche Hyperventilation

(E) Verschiebung der O_2-Bindungskurve nach links

(7703-080)

16.11   16.3.2   Fragentyp C

Bei Verengerung einer Hauptgliedmaßenarterie wird bei Belastung der Gliedmaßenmuskulatur eine Versorgungsstörung eher manifest als bei Ruhe,

weil

das mangelhafte Substratangebot bei Verengerung einer Hauptgliedmaßenarterie zu einer Alkalose des venösen Blutes dieser Gliedmaße führt.

(7709-087)

17. Atmung

17.01   **17.3**   **Fragentyp C**

Bei einer Azidose gibt das Hämoglobin den Sauerstoff in den Gewebekapillaren leichter ab,

weil

die O_2-Bindungskurve des Hämoglobins bei niedrigerem pH nach links verschoben ist.

(7909-055)

17.02   **17.4**   **Fragentyp D**

Folgende Einflüsse können stimulierend auf die Atmung wirken:

(1) akute Schmerzreize

(2) arterielle Hypoxie

(3) pH-Abfall im Liquor cerebrospinalis

(4) Progesteronausschüttung

(A) nur 1 ist richtig

(B) nur 1 und 2 sind richtig

(C) nur 2 und 3 sind richtig

(D) nur 1, 2 und 4 sind richtig

(E) 1 - 4 = alle sind richtig

(7803-097)

17.03   **17.4.3**   **Fragentyp C**

Bei einer Barbituratvergiftung muß die Spontanatmung durch Gabe von reinem Sauerstoff unterstützt werden,

weil

durch Erhöhung der O_2-Konzentration im arteriellen Blut das Sauerstoffangebot für die Gewebe (insbesondere das Gehirn) verbessert wird.

(7903-076)

17.04	17.5.1/15.2.3	Fragentyp C

Eine chronische alveoläre Hypoventilation kann zu einem
Cor pulmonale führen,

weil

mit der Senkung des alveolären O_2-Partialdruckes der
Lungengefäßwiderstand abnimmt.

(7809-094)

17.05	17.5	Fragentyp A3

Welche Aussage trifft **nicht** zu?
Asthma bronchiale ist charakterisiert durch

(A) Erhöhung des Strömungswiderstandes in den kleinen
   Bronchien

(B) Verkleinerung der funktionellen Residualkapazität

(C) ventilatorische Verteilungsstörung

(D) zähes Bronchialsekret

(E) Verlängerung der Exspiration

(8003-045)

17.06	17.5.1	Fragentyp A3

Welche Aussage trifft **nicht** zu?
Eine alveoläre Hypoventilation

(A) kann bei Obstruktionen der Atemwege auftreten

(B) kann die Folge einer zentralen Atmungslähmung
   (z.B. bei Morphin-Intoxikation) sein

(C) führt zu einer arteriellen Hyperkapnie

(D) hat eine respiratorische Azidose zur Folge

(E) wird teilweise kompensiert durch Zunahme der Lungen-
   perfusion (Dilatation der Arteriolen)

(7903-053)

17.07   17.5.1   Fragentyp A2

Welche Aussage trifft nicht zu?
Eine Abnahme des arteriellen O_2-Partialdruckes (arterielle Hypoxie) kann verursacht werden durch ein/eine

(A) alveoläre Hypoventilation

(B) Lungenödem

(C) gesteigerte venös-arterielle Shunt-Perfusion

(D) Anämie

(E) Barbiturat-Intoxikation

(7909-039)

17.08   17.5.2   Fragentyp C

Hyperventilation kann eine Blut-Azidose zur Folge haben,

weil

das vermehrte Abatmen von CO_2 für den Körper einem Verlust von sauren Valenzen gleichkommt.

(7409-258)

17.09   17.5.4   Fragentyp C

Folge der obstruktiven Ventilationsstörung ist eine
Erhöhung der Atemarbeit,

weil

bei der obstruktiven Ventilationsstörung der Strömungs-
widerstand der Atemwege erhöht ist.

(7709-084)

17.10   17.5.5   Fragentyp D

Das generalisierte schwere Lungenemphysem ist durch
folgende morphologische und funktionelle Veränderungen
gegenüber der Norm charakterisiert:

(1) Abnahme der pulmonalen Retraktionsfähigkeit

(2) Reduzierung des durchbluteten Lungenparenchyms

(3) Erhöhung der funktionellen Residualkapazität

(4) pulmonale Verteilungsstörungen

(5) arterielle Hypoxie

(A) nur 1 und 3 sind richtig

(B) nur 1, 2 und 4 sind richtig

(C) nur 2, 3 und 5 sind richtig

(D) nur 2, 3, 4 und 5 sind richtig

(E) 1 - 5 = alle sind richtig

(7903-103)

| 17.11 | 17.5.7 | Fragentyp A |

Bei einem Patienten mit arterieller Hypoxie zeigt sich
während der Atmung eines sauerstoffreichen Gasgemisches
nur ein geringer Anstieg des arteriellen O_2-Partial-
druckes.
Welche der folgenden Lungenfunktionsstörungen läßt sich
diesem Befund am ehesten zuordnen?

(A) alveoläre Hypoventilation

(B) alveoläre Hyperventilation

(C) Diffusionsstörung

(D) ventilatorische Verteilungsstörung

(E) hochgradiger venös-arterieller Shunt

(7809-038)

| 17.12 | 17.6.4 | Fragentyp D |

Eine Widerstandserhöhung im kleinen Kreislauf kann auftreten bei

(1) Verlegung von Lungengefäßen

(2) schwerem Emphysem

(3) alveolärer Hypoventilation

(4) alveolärer Hyperventilation

(A) nur 1 ist richtig

(B) nur 1 und 2 sind richtig

(C) nur 1 und 3 sind richtig

(D) nur 1, 2 und 3 sind richtig

(E) nur 1, 2 und 4 sind richtig

(7903-100)

17.13	17.6.4	Fragentyp C

Eine chronische alveoläre Hypoventilation kann zu einem
Cor pulmonale führen,

<u>weil</u>

mit der Senkung des alveolären O_2-Partialdruckes der
Lungengefäßwiderstand abnimmt.

(8003-053)

17.14	17.6.4/15.2.3	Fragentyp A3

Welches Symptom paßt <u>nicht</u> zur Diagnose eines chronischen
Cor pulmonale?

(A) pathologisch erhöhter Pulmonalvenendruck

(B) Aszites

(C) Vergrößerung und Konsistenzvermehrung der Leber

(D) rechtsbetonte Verbreiterung des Herzschattens im
Röntgenbild

(E) Kurzatmigkeit

(8003-041)

18. Wärmehaushalt

18.01 18.1.1 Fragentyp A3

Welche Aussage zur Thermoregulation des reifen Neugeborenen trifft nicht zu?

(A) Der Oberflächen-Volumen-Quotient ist beim Neugeborenen größer als beim Erwachsenen.

(B) Bei Kältebelastung reagiert das Neugeborene in der
Regel mit Kältezittern.

(C) Eine wichtige Quelle der Wärmebildung des Neugeborenen ist das braune Fettgewebe.

(D) Das Neugeborene kann auf eine Kältebelastung mit
Steigerung der Wärmebildung reagieren.

(E) Bei einer Umgebungstemperatur von 32-34° C hat das
Neugeborene den kleinsten Energieumsatz.

(7909-038)

18.02 18.1.2 Fragentyp A3

Welche Aussage zum Wärmehaushalt bei Fieber trifft
nicht zu?

(A) Fiebererzeugende Stoffe kommen in der Wand von
Bakterien vor.

(B) Freigesetztes Leukozyten-Pyrogen beeinflußt die
hypothalamischen Zentren der Temperaturregulation.

(C) Bei Fieberanstieg besteht u.a. eine periphere
Vasokonstriktion.

(D) Bei Fieberabfall kommt es u.a. zu verstärkter
Schweißsekretion.

(E) Bei Fieber sind die Stellvorgänge der Thermoregulation aufgehoben.

(7909-035)

18.03   18.1.3   Fragentyp D

Bei Hypothermie (28° C Kerntemperatur)

(1) kann das Gehirn einen Durchblutungsstillstand von 6 min tolerieren

(2) wird die Herzfrequenz wegen direkter, temperaturbedingter Hemmung des Sinusknotens verlangsamt

(3) wird die Atmung schneller, weil die Exspirationsphase verkürzt wird

(A) nur 1 ist richtig

(B) nur 2 ist richtig

(C) nur 3 ist richtig

(D) nur 1 und 2 sind richtig

(E) 1 - 3 = alle sind richtig

(7703-120)

18.04   18.1.3   Fragentyp A3

Welche Aussage trifft nicht zu?
Während artefizieller Hypothermie mit Senkung der Körperkerntemperatur auf etwa 29° C kommt es beim Menschen gegenüber den Verhältnissen bei normaler Körpertemperatur zu folgenden Veränderungen:

(A) Erhöhung der Blutviskosität

(B) Bradycardie

(C) arterielle Hypotonie im Systemkreislauf

(D) Rechtsverschiebung der O_2-Bindungskurve des Blutes

(E) Zunahme der CO_2-Löslichkeit im Blutplasma

(7709-059)

19. Nervensystem

19.01
19.02
19.03   19   Fragentyp B
____

Zu jedem der Begriffe aus Liste 1 ordnen Sie bitte diejenige Aussage aus Liste 2 zu, die am besten dazu paßt.

<u>Liste 1</u>

19.01 Ausfall der zentralen Sympathicusbahn

19.02 Verschluß der A. cerebri posterior

19.03 Verschluß des Aquaeductus cerebri

<u>Liste 2</u>

(A) Akinese

(B) Hornersyndrom

(C) homonyme Hemianopsie

(D) innerer Hydrocephalus

(E) Drehschwindel

(7409-265/266/267)

19.04   19   Fragentyp A
____

Welche Aussage trifft zu?
Wenn ein Auge infolge kompletter Opticusatrophie er-
blindet ist

(A) reagiert die Pupille des betroffenen Auges konsen-
    suell

(B) reagiert die Pupille des betroffenen Auges auf
    direkte Belichtung

(C) reagiert die Pupille des gesunden Auges konsen-
    suell

(D) reagiert die Pupille des gesunden Auges nicht mehr
    auf Convergenz

(E) Keine der Antworten ist richtig

(7703-071)

19.05   19.1   Fragentyp A3

Welche Aussage trifft nicht zu?
Eine 4 Wochen andauernde periphere (schlaffe) Lähmung
ist charakteristisch durch

(A) Muskelatrophie

(B) pathologisch gesteigerte Reflexe

(C) Beeinträchtigung der Feinmotorik

(D) Parese oder Paralyse

(E) Hypotonus der Muskulatur

(7709-062)

19.06   19.1   Fragentyp C

Bei einer einseitigen Unterbrechung der zentralen Hörbahn treten nur geringe Ausfallerscheinungen auf,

weil

die Hörbahn teils gekreuzt, teils ungekreuzt verläuft.

(7909-058)

19.07   19.1   Fragentyp A3

Welches der folgenden Begriffspaare paßt nicht zusammen?

(A) N. Phrenicus-Atmung - Rückenmarksegment C4

(B) Patellarsehnenreflex - Rückenmarksegment L4

(C) Achillessehnenreflex - Rückenmarksegment S1

(D) Miosis - Kerngebiet des N. oculomotorius

(E) Masseterreflex - Kerngebiet des N. facialis

(8003-043)

19.08   19.2   Fragentyp C

Bei Ausfall der Hinterstränge des Rückenmarks fällt die
Schmerzempfindung aus,

weil

die Schmerzrezeptoren ihre Impulse durch die hintere
Wurzel in das Rückenmark senden.

(7509-264)

19.09	19.2.1	Fragentyp C

Schmerz bei Nervenläsionen kann durch selektiven Ausfall sensibler Aδ-Fasern des betreffenden Nerven erheblich stärker werden,

<u>weil</u>

bei Ausfall der Aδ-Fasern die sonst verdeckte C-Faseraktivität das Zentralnervensystem ungehemmt erreicht.

(7809-092)

19.10	19.3.2	Fragentyp A3

Welche Aussage trifft <u>nicht</u> zu?
Die Myasthenia gravis <u>ist</u> charakterisiert durch

(A) abnorme Ermüdbarkeit der Skelettmuskulatur

(B) vollständige oder partielle Erholung der Muskelfunktion nach einer Ruhepause

(C) Störung der Erregungsübertragung in der motorischen Endplatte

(D) Dauerdepolarisation der postsynaptischen Endplattenmembran

(E) Besserung der neuro-muskulären Erregungsübertragung durch die Gabe von Cholinesterasehemmern (z.B. Neostigmin)

(7809-068)

19.11	19.4.1	Fragentyp D

Nach einer kompletten Rückenmarksdurchtrennung im Thorakalbereich sind auf Dauer ausgeschaltet

(1) die Willkürbewegungen der unteren Extremitäten

(2) die motorischen Reflexe der unteren Extremitäten

(3) die reflektorische Blasenentleerung

(4) alle bewußten Empfindungen aus den unteren Extremitäten

(A) nur 1 ist richtig

(B) nur 1 und 4 sind richtig

(C) nur 1, 3 und 4 sind richtig

(D) nur 2, 3 und 4 sind richtig

(E) 1 - 4 = alle sind richtig

(7903-097)

19.12	19.4.2	Fragentyp A

Welche der folgenden Verletzungen des zentralen und/
oder peripheren Nervensystems führt in der Regel zu
dissoziierten Empfindungsstörungen?

(A) Schädigung des Rückenmarks in der Umgebung des
    Zentralkanals

(B) komplette Durchtrennung des Hirnstammes in Höhe
    der Vierhügelplatte

(C) einseitige Unterbrechung der hinteren Rückenmarks-
    wurzeln

(D) Blutung im Bereich der inneren Kapsel

(E) keine der angegebenen Verletzungen

(8003-019)

19.13	19.5	Fragentyp A

Welche Aussage trifft zu?
Bei Läsion des unteren Abschnittes der dritten Stirn-
windung links kann eine der folgenden Störungen auftreten:

(A) Alexie

(B) sensorische Aphasie

(C) motorische Aphasie

(D) Seelenblindheit

(E) Rindenblindheit

(8003-015)

19.14	19.5.1	Fragentyp C

Bei einer Spastik, die nach einer Blutung in die innere
Kapsel auftritt, sind einige Eigenreflexe gesteigert,

weil

bei einer Blutung in die innere Kapsel hemmende Funktionen des Cortex auf motorische Vorderhornzellen ausfallen.

(7803-081)

19.15   19.5.1   Fragentyp D

Das Babinskische Phänomen

(1) ist eine Sensibilitätsstörung im Bereich der unteren
    Extremität

(2) deutet auf eine Läsion peripherer Nerven hin

(3) weist auf eine Schädigung der Pyramidenbahn hin

(4) ist bei Säuglingen physiologischerweise vorhanden

(A) nur 3 ist richtig

(B) nur 4 ist richtig

(C) nur 1 und 4 sind richtig

(D) nur 3 und 4 sind richtig

(E) nur 2, 3 und 4 sind richtig

(7909-105)

19.16
19.17   19.5.1/19.4.2   Fragentyp B

Zu jedem der nachfolgenden Begriffe (Liste 1) ordnen
Sie bitte diejenige der Aussagen der Liste 2 zu, die
am besten dazu paßt.

Liste 1

19.16 Zustand einige Wochen nach Zerstörung der Pyrami-
      denbahn in der inneren Kapsel

19.17 Zerstörung der Commissura anterior im Rückenmark

Liste 2

(A) Spastik

(B) fokale Anfälle

(C) Störung der Schmerz- und Temperaturempfindung

(D) belastungsabhängige Muskelschwäche

(E) periphere motorische schlaffe Lähmung

(7909-048/049)

19.18   19.5.2   Fragentyp D

Welche der folgenden motorischen Störungen sind charakteristisch für das Parkinson-Syndrom:

(1) Hyperkinese

(2) Rigor

(3) Spastizität

(4) Athetose

(5) Ruhetremor

(A) nur 1 ist richtig

(B) nur 2 ist richtig

(C) nur 1 und 3 sind richtig

(D) nur 2 und 5 sind richtig

(E) nur 1, 2, 4 und 5 sind richtig

(7809-118)

19.19   19.9.2   Fragentyp C

Bei Hyperventilation tritt eine Verengung der Wider-
standsgefäße des Gehirns auf,

weil

das Gewebslactat im Gehirngewebe bei Hyperventilation
ansteigt.

(7909-057)

19.20   19.11   Fragentyp A

Welche Aussage trifft zu?
Eine isoelektrische Linie im EEG

(A) zeigt immer den Tod des Patienten an

(B) tritt erst 10 min nach einem plötzlichen Herzstill-
    stand auf

(C) kann länger als 10 min bestehen, ohne daß der
    Patient tot ist

(D) ist stets mit einer Anschwellung der Dendriten
    (funktioneller Status spongiosus) verbunden

(E) Keine der Angaben ist richtig

(7703-070)

Welche Aussage trifft <u>nicht</u> zu?
Die für die Epilepsie charakteristischen EEG-Wellen

(A) können die Form von Spike- and Wave-Komplexen
     aufweisen

(B) werden als Hypersynchronisationen neuronaler Ent-
     ladungen interpretiert

(C) können durch Hyperventilation provoziert werden

(D) sind nur im Anfallsstadium zu beobachten

(E) lassen Lokalisation und Ausbreitung der Krampf-
     entladungen erkennen

(7903-052)

Examensfragen Herbst 1980

Klinische Chemie

Geben Sie an, bei welcher bzw. welchen der genannten Meß-größen die gleichen Ergebnisse im arteriellen und im venösen Blut erhalten werden.

(1) P_{O_2}

(2) Standardbicarbonat

(3) Basenüberschuß

(4) pH

(5) P_{CO_2}

(A) nur 2 ist richtig

(B) nur 3 ist richtig

(C) nur 1 und 3 sind richtig

(D) nur 2 und 5 sind richtig

(E) nur 2, 3 und 4 sind richtig

(8009-078)

2.01   2.3   Fragentyp C

Mit Hilfe des molaren Extinktionskoeffizienten ε können
Aktivitäts- und Konzentrationsbestimmungen ohne Bezug
auf einen Standard durchgeführt werden,

weil

der molare Extinktionskoeffizient ε ein Maß für die Extinktion einer gelösten Substanz in einer Konzentration
von 1 mol/l bei einer bestimmten Wellenlänge und einer
Schichtdicke von 1 cm ist.

(8009-056)

2.02   2.8   Fragentyp A

Welche Aussage trifft zu?
Nach den Richtlinien der Qualitätskontrolle für Laboruntersuchungen sind erforderlich

(A) täglich eine Präzisionskontrolle je analytische Me-
    thode

(B) wöchentlich eine Präzisionskontrolle

(C) nur Richtigkeitskontrollen

(D) je Analysenserie eine Präzisionskontrolle

(E) bei Notfalluntersuchung keine Präzisionskontrolle

(8009-001)

3.01   3.3   Fragentyp A

Welche Aussage trifft zu?
Unter "Transversalbeurteilung" versteht man den Vergleich
des bei einem Patienten gemessenen Wertes mit

(A) anderen Meßwerten am gleichen Organsystem

(B) früheren Meßwerten desselben Patienten

(C) anderen Meßwerten aus anderen Organsystemen

(D) entsprechenden Meßwerten einer Referenzpopulation

(E) Keine der Aussagen trifft zu.

(8009-002)

6.01   6.4   Fragentyp D

Der orale Glucosetoleranztest kann falsch positiv ausfallen durch

(1) kohlenhydratarme Ernährung vor dem Test

(2) Immobilität vor dem Test

(3) Durchführung der Untersuchung am Abend

(4) gleichzeitige ACTH- oder Cortisonbehandlung

(5) Behandlung mit oralen Antidiabetika

(A) nur 1 und 4 sind richtig

(B) nur 1, 3 und 4 sind richtig

(C) nur 2, 3 und 5 sind richtig

(D) nur 1, 2, 3 und 4 sind richtig

(E) 1 - 5 = alle sind richtig

(8009-076)

6.02   6.4   Fragentyp C

Tolbutamid eignet sich zur Prüfung der Sekretionskapazi-
tät der B-Zellen der Langerhansschen Inseln,

weil

die nach Tolbutamidinjektion auftretende Hyperglykämie
einen starken Reiz für die Insulinsekretion darstellt.

(8009-057)

9.01   9.8.2   Fragentyp D

Die Thrombinzeit ist abhängig von den Konzentrationen an

(1) Fibrinogen im Plasma

(2) Fibrinogen- bzw. Fibrinspaltprodukten X und Y

(3) Heparin und Antithrombin III

(4) Faktor XIII

(5) Prothrombin

(A) nur 2 und 3 sind richtig

(B) nur 1, 2 und 3 sind richtig

(C) nur 1, 2 und 5 sind richtig

(D) nur 2, 4 und 5 sind richtig

(E) 1 - 5 = alle sind richtig

(8009-079)

9.02	9.8.2	Fragentyp A

Welche Aussage trifft zu?
Bei bestehender hämorrhagischer Diathese spricht die
Befundkombination

Quick-Test:	normal
partielle Thromboplastinzeit (PTT):	verlängert
Thrombinzeit:	normal

für

(A) Heparinämie von mehr als 1 E Heparin/ml Blut

(B) Vitamin K-Mangel

(C) Hämophilie A

(D) angeborenen Faktor V-Mangel

(E) Faktor VII-Mangel

(8009-003)

10.01	10.2	Fragentyp A

Welche Aussage trifft zu?
Meßgröße bei der Xylosebelastung ist

(A) die Xyloseausscheidung im Stuhl

(B) die Xyloseausscheidung im Urin

(C) die Glucoseausscheidung im Urin

(D) der Glucoseanstieg im Blut

(E) der Xylitanstieg im Blut

(8009-004)

Welche Aussage trifft zu?
Bei der Blutentnahme für die Bestimmung der Kenngrößen
des Säure-Basen-Haushaltes ist als Antikoagulans geeignet:

(A) Heparin

(B) Dicumarol

(C) Calciumcitrat

(D) Oxalat

(E) EDTA

(8009-005)

Ordnen Sie bitte die Labordaten (Liste 2) den Befunden
(Liste 1) zu.

Liste 1

11.02 respiratorische Alkalose, teilweise kompensiert

11.03 metabolische Azidose, nicht kompensiert

Liste 2

	pH	P_{CO_2} (mbar)	Standard-bicarbonat (mmol/l)	Basenüberschuß (mmol/l)
(A)	7,38	51 (38mm Hg)	22,7	− 2
(B)	7,33	43 (32mm Hg)	18,0	− 8
(C)	7,32	40 (30mm Hg)	24,4	± 0
(D)	7,52	19 (14mm Hg)	18,0	− 8
(E)	7,22	51 (38mm Hg)	15,5	− 12

(8009-052/53)

Beurteilen Sie folgende Aussagen über den Harnstoff:

(1) Die Konzentration des Serumharnstoffs ist abhängig
    von der Proteinzufuhr.

(2) Bei Nierenerkrankungen wird weniger Harnstoff syn-
    thetisiert.

(3) Eine gebräuchliche Nachweismethode verwendet Urease
    zur Harnstoffspaltung.

(4) Ein Nachweis im Serum mit Teststreifen ist möglich.

(A) nur 1 ist richtig

(B) nur 2 und 3 sind richtig

(C) nur 1, 3 und 4 sind richtig

(D) nur 2, 3 und 4 sind richtig

(E) 1 - 4 = alle sind richtig

(8009-077)

Pathobiochemie - Pathophysiologie

1.01	1.1.2	Fragentyp C

Die akute, entzündliche Reaktion in Gelenken beim Gichtanfall kann die lokale Bildung von Uratkristallen ver-
stärken,

<u>weil</u>

die gesteigerte Leukozytenaktivität am Ort der Entzündung zu einer Senkung des pH-Wertes führen kann.

(8009-072)

2.01	2.3.2	Fragentyp A3

Welche Aussage trifft <u>nicht</u> zu?
Eine Verminderung der Plasmaproteinmenge kann auftreten
bei

(A) nephrotischem Syndrom

(B) akutem Nierenversagen

(C) Verbrennungen

(D) nässenden Hauterkrankungen

(E) Lymphfisteln in den Verdauungstrakt

(8009-045)

2.02	2.3.3	Fragentyp D

Überprüfen Sie bitte die folgenden Aussagen über Paraproteine:

(1) Bei den Paraproteinämien liegt die Vermehrung eines
    (oder mehrerer) Immunglobulin produzierenden Zell-
    klons (produzierender Zellklone) vor.

(2) Als Plasmaproteine werden Paraproteine in der Leber
    synthetisiert.

(3) L-Kettenparaproteine werden durch die Niere ausge-
    schieden.

(4) Paraproteine haben Antikörperfunktion

(A) nur 4 ist richtig

(B) nur 1 und 3 sind richtig

(C) nur 2 und 4 sind richtig

(D) nur 1, 2 und 3 sind richtig

(E) 1 - 4 = alle sind richtig

(8009-099)

4.01	4.1.3	Fragentyp D

Eine sekundäre Hyperlipoproteinämie kann verursacht
werden durch:

(1) schlecht eingestellten Diabetes mellitus

(2) Ernährungsgewohnheiten

(3) nephrotisches Syndrom

(4) Hypothyreose

(A) nur 1 und 3 sind richtig

(B) nur 2 und 4 sind richtig

(C) nur 1, 2 und 3 sind richtig

(D) nur 1, 3 und 4 sind richtig

(E) 1 - 4 = alle sind richtig

(8009-096)

Überprüfen Sie bitte die folgenden Aussagen zur
Glucosurie:

(1) Glucose wird glomerulär filtriert.

(2) Glucose wird im proximalen Tubulus wieder rück-
    resorbiert.

(3) Bei einem eingeschränkten Transportmaximum für
    Glucose kann auch bei normaler Glucosekonzentration
    im Blut eine renale Glucosurie auftreten.

(A) nur 1 ist richtig

(B) nur 3 ist richtig

(C) nur 1 und 2 sind richtig

(D) nur 1 und 3 sind richtig

(E) 1 - 3 = alle sind richtig

(8009-097)

Welche Aussage über den Diabetes mellitus trifft nicht
zu?

(A) Beim subklinischen Diabetes mellitus findet sich
    eine gestörte Glucosetoleranz bei noch normalem
    Nüchternblutzucker.

(B) Der manifeste Diabetes mellitus vom juvenilen Typ
    wird durch eine primäre Insulinresistenz extra-
    hepatischer Gewebe ausgelöst.

(C) Ein Diabetes mellitus kommt häufig während endo-
    kriner Umstellungen wie Pubertät, Schwangerschaft
    oder Menopause zur Manifestation.

(D) Der manifeste Diabetes mellitus vom Alterstyp
    zeichnet sich durch inadäquate Sekretionsleistung
    bei erhaltener Fähigkeit zur Insulinbiosynthese
    aus.

(E) Der manifeste Diabetes mellitus vom Alterstyp wird
    häufig durch Adipositas ausgelöst.

(8009-040)

5.03   5.3.7   Fragentyp D
____

Als Faktoren für die Entstehung der Spätschäden (Makro-
und Mikroangiopathie, Neuropathie) beim chronischen In-
sulinmangelzustand kommen in Frage:

(1) Hyperlipoproteinämien

(2) Störung im Stoffwechsel der Basalmembran

(3) verstärkte intrazelluläre Sorbit-Bildung

(4) vermehrter extrahepatischer Proteinabbau

(A) nur 1 und 3 sind richtig

(B) nur 2 und 4 sind richtig

(C) nur 1, 2 und 3 sind richtig

(D) nur 1, 3 und 4 sind richtig

(E) 1 - 4 = alle sind richtig

(8009-094)

5.04   5.6   Fragentyp A3
____

Welche Aussage trifft nicht zu?
Ursache für eine Hypoglykämie kann sein:

(A) angeborener Fructose-1,6-Diphosphatase-Mangel

(B) einige Formen der Glykogenspeicherkrankheiten

(C) intrahepatische Cholestase

(D) Fructoseintoleranz

(E) chronische Alkoholintoxikation

(8009-043)

5.05   5.6   Fragentyp A3
____

Welche Aussage trifft nicht zu?
Hypoglykämien können bei folgenden Zuständen auftreten:

(A) nach starker körperlicher Belastung

(B) bei Neugeborenen diabetischer Mütter

(C) beim Cushing-Syndrom

(D) bei angeborenen Störungen des Phosphorylase-Systems

(E) bei Inselzelladenom

(8009-041)

6.01	6.4	Fragentyp C

Thyroxin (T_4) hat eine kürzere Halbwertszeit als Trijodthyronin (T_3),

<u>weil</u>

Thyroxin (T_4) in der Peripherie zu Trijodthyronin (T_3)
umgewandelt wird.

(8009-064)

6.02	6.4.1	Fragentyp A

Welcher der aufgeführten Mechanismen bzw. Defekte führt
bei alimentärem Jodmangel zur endemischen blanden Struma?

(A) Fehlen des Jodspeicherungsvermögens des Schilddrüsen-
    gewebes

(B) Fehlen der Dehalogenasen für Monojod- und Dijod-
    thyrosin

(C) Defekt der Synthese von T_3 und T_4

(D) Anstieg der TSH-Sekretion der Hypophyse

(E) verminderte TRH-Sekretion

(8009-029)

6.03	6.4.5	Fragentyp A3

Welche Aussage trifft <u>nicht</u> zu?
Ursache oder Folge der Hyperthyreose können sein:

(A) sekundäre Hyperlipoproteinämie

(B) Adenome der Schilddrüse, die nicht mehr der Kon-
    trolle durch TRH und TSH unterliegen

(C) diffuse Überfunktion durch Bildung eines Immun-
    globulins, das wie TSH wirkt

(D) niedriger TSH-Spiegel

(E) Tachykardie

(8009-042)

6.04   **6.6.3**   **Fragentyp D**

Ursachen einer Ovarialinsuffizienz können sein:

(1) psychogen bedingte Störung des Hypothalamus

(2) hypophysäres Adenom ohne endokrine Aktivität

(3) Gonadendysgenesie

(4) Enzymdefekt bei der Überführung der Androgene in
Östrogene

(A) nur 1 und 3 sind richtig

(B) nur 2 und 4 sind richtig

(C) nur 1 , 2 und 4 sind richtig

(D) nur 2, 3 und 4 sind richtig

(E) 1 - 4 = alle sind richtig

(8009-095)

6.05   **6.7.2**   **Fragentyp D**

Welche der Aussagen zum Cushing-Syndrom treffen zu?

(1) Ursachen können ektopisch ACTH bildende Tumoren
sein.

(2) Beim hypophysär bedingten Cushing-Syndrom zeigt
die Nebennierenrinde bilateral eine Hyperplasie.

(3) Neben den Glucocorticosteroiden werden auch andere
Nebennierenrindenhormone vermehrt gebildet.

(4) Beim Adenom der Nebennierenrinde ist im Dexametha-
son-Hemmtest die Corticosteroidproduktion nicht
oder nur wenig supprimierbar.

(A) nur 1 und 3 sind richtig

(B) nur 2 und 4 sind richtig

(C) nur 1, 2 und 3 sind richtig

(D) nur 1, 3 und 4 sind richtig

(E) 1 - 4 = alle sind richtig

(8009-092)

6.06   6.7.3   Fragentyp A3

Welche Aussage trifft <u>nicht</u> zu?
Erhöhter Blutdruck ist charakteristisch für

(A) Nierenarterienstenose

(B) Schwangerschaftsnephropathie

(C) nephrotisches Syndrom

(D) akute Glomerulonephritis

(E) primären Hyperaldosteronismus

(8009-046)

6.07   6.7.4   Fragentyp C

Die durch hypophysäre Störungen verursachte Nebennierenrindeninsuffizienz betrifft vorwiegend die Glucocortico-
steroide,

<u>weil</u>

die Produktion von Aldosteron weitgehend unabhängig von
der hypophysären Steuerung verläuft.

(8009-068)

6.08   6.12.1   Fragentyp D

Überprüfen Sie die folgenden Aussagen zum Kinin-System:

(1) Eine verstärkte Kininfreisetzung ist infolge der
    kurzen Halbwertszeit der Kinine nur schwer erfaßbar.

(2) Die Kininwirkung kann zur Ausbildung eines Schock-
    zustandes beitragen.

(3) Kininfreisetzende Enzyme sind in einigen Organen
    und im Blutplasma vorhanden.

(4) Kinine sind am Entzündungsgeschehen beteiligt und
    können zur Ödembildung beitragen.

(A) nur 4 ist richtig

(B) nur 1 und 3 sind richtig

(C) nur 2 und 3 sind richtig

(D) nur 1, 2 und 3 sind richtig

(E) 1 - 4 = alle sind richtig

(8009-090)

8.01 8.3.1 Fragentyp C

Die Glucose-Galaktose-Malabsorption kann mit einem renalen Diabetes gekoppelt sein,

weil

die Glucose-Galaktose Malabsorption mit einer tubulären Rückresorptionsstörung verbunden ist.

(8009-067)

8.02 8.2.1 Fragentyp D

Die Magensekretion kann vermindert werden durch

(1) Vagotomie
(2) Sympathektomie
(3) operative Verkleinerung des Magens
(4) exogene Zufuhr von Histamin

(A) nur 1 und 2 sind richtig
(B) nur 1 und 3 sind richtig
(C) nur 2 und 4 sind richtig
(D) nur 3 und 4 sind richtig
(E) 1 - 4 = alle sind richtig

(8009-110)

8.03 8.3.1 Fragentyp C

Bei vollständiger Resektion des Ileum kommt es zur Steatorrhoe,

weil

bei vollständiger Resektion des Ileum infolge mangelhafter Gallensäureresorption die Fettresorption gestört ist.

(8009-069)

10.01   10.1.1   Fragentyp A

Welche Aussage trifft zu?
Isotone Dehydratation tritt auf bei

(A) Aldosteronüberschuß

(B) ADH-Mangel

(C) Herzinsuffizienz

(D) Blutverlusten

(E) nephrotischem Syndrom

(8009-031)

10.02   10.1.3   Fragentyp A

Welche Aussage trifft zu?
Bei einem komatösen Patienten (70 kg) werden folgende
Werte gemessen:

Plasma-Osmolarität = 360 mosmol/l
Plasma-Natrium   = 160 mmol/l
Hämatokrit   = 60%

Es handelt sich um eine

(A) hypotone Dehydratation

(B) hypertone Dehydratation

(C) isotone Dehydratation

(D) isotone Hyperhydratation

(E) hypertone Hyperhydratation

(8009-028)

10.03   10.2.1   Fragentyp A3

Welche Aussage trifft nicht zu?
Hyperkaliämie (Plasma-Kalium >8 mmol/l) kann sein

(A) die Folge eines Hyperaldosteronismus

(B) lebensbedrohlich, wegen der Flimmerneigung des
    Herzens

(C) die Folge eines chronischen Nierenversagens

(D) die Folge einer schweren Hämolyse

(E) häufig gekoppelt mit nicht-respiratorischer (meta-
    bolischer) Azidose

(8009-044)

10.04   10.4.1   Fragentyp C

Bei einer nicht-respiratorischen Azidose fällt die Chlo-
ridkonzentration im Serum ab,

weil

Chlorid im Plasma zur Pufferung von H^+-Ionen gebraucht
wird.

(8009-058)

10.05   10.4.5   Fragentyp C

Bei einer stark ausgeprägten respiratorischen Azidose
kann es zu tetanischen Krämpfen kommen,

weil

die Konzentration des ionisierten Calciums im Plasma
vom jeweiligen pH-Wert abhängig ist.

(8009-073)

11.01   11.1.1   Fragentyp C

Bei hoher Serumkreatininkonzentration wird über die endogene Kreatininclearance die glomeruläre Filtrationsrate
zu hoch bestimmt,

weil

Kreatinin bei hoher Serumkonzentration in der Niere auch
tubulär sezerniert wird.

(8009-059)

11.02   **11.3.1**   **Fragentyp A3**

Welche Aussage trifft <u>nicht</u> zu?
Ein akutes Nierenversagen

(A) ist durch Verminderung der glomerulären Filtrationsrate charakterisiert

(B) führt zu Hyperkaliämie und Stickstoffretention
(Azotämie)

(C) erfordert eine Bilanzierung der Flüssigkeitszufuhr

(D) führt zu einer metabolischen Alkalose

(E) kann Folge eines hypovolämischen Schocks sein

(8009-047)

11.03   **11.4**   **Fragentyp A3**

Welche Aussage trifft <u>nicht</u> zu?
Bei einer chronischen dekompensierten Niereninsuffizienz
ist

(A) die glomeruläre Filtrationsrate reduziert

(B) die H^+-Konzentration im Blut erhöht

(C) die $NH_4{}^+$-Ausscheidung vermindert

(D) die Pufferbasen-Konzentration des Blutes erhöht

(E) das Atemzeitvolumen mäßig gesteigert

(8009-048)

11.04   **11.4.3**   **Fragentyp A**

Welche Aussage trifft zu?
Ein häufiges Symptom bei Urämie ist:

(A) Ausscheidung von mehr als 2000 ml hypotonen Urins/
24 Std

(B) Hypoparathyreoidismus

(C) Anämie

(D) metabolische Alkalose

(E) Hypokaliämie

(8009-032)

11.05   11.4.3   Fragentyp C

Chronische Nierenerkrankungen können zu einer renalen
Osteodystrophie führen,

weil

bei chronischen Nierenerkrankungen Ca^{++} vermehrt mit
dem Urin ausgeschieden wird.

(8009-070)

14.01   14.7   Fragentyp C

Nierenerkrankungen (z.B. Hypernephrom, Zystenniere,
Nierenadenom) können zu einer sekundären Polyglobulie
führen,

weil

die vermehrte Produktion und Aktivierung des Erythro-
poietins in der Niere bei bestimmten Nierenerkrankungen
die Erythrozytenbildung im Knochenmark stimuliert.

(8009-066)

14.02   14.10   Fragentyp A

Die unten angeführten Erkrankungen gehen mit Störungen
der Blutgerinnung einher. Bei welcher erscheint eine
parenterale Behandlung mit Vitamin K sinnvoll?

(A) idiopathische Thrombozytopenie

(B) Hämophilie A

(C) Leberzirrhose

(D) kongenitale Hypoprothrombinämie

(E) Verschlußikterus

(8009-030)

14.03	14.10.5	Fragentyp C

Eine Injektion von Heparin ist bei schockbedingter Verbrauchskoagulopathie angezeigt,

<u>weil</u>

Heparin ein Plasmin-Hemmstoff ist.

(8009-074)

15.01	15.1.2	Fragentyp A

Bei welchem der folgenden Klappenfehler mit manifester Herzinsuffizienz besteht eine Schlagvolumenbelastung des linken Ventrikels und eine mäßige Druckbelastung des rechten Ventrikels?

(A) Aortenklappenstenose

(B) Pulmonalklappenstenose

(C) Pulmonalklappeninsuffizienz

(D) Mitralklappeninsuffizienz

(E) Mitralklappenstenose

(8009-033)

15.02	15.2	Fragentyp C

Bei einer Herzinsuffizienz können Ödeme auftreten,

<u>weil</u>

bei Herzinsuffizienz infolge erhöhtem venösen Tonus der kolloidosmotische Druck im Plasma erniedrigt ist.

(8009-075)

15.03   15.2.1   Fragentyp A3
____

Welche Aussage trifft <u>nicht</u> zu?
Bei einer manifesten Myokardinsuffizienz ist

(A) das venöse Blutangebot am Herzen vermindert

(B) das endsystolische Ventrikelvolumen erhöht

(C) das enddiastolische Ventrikelvolumen erhöht

(D) der totale periphere Widerstand erhöht

(E) die Kontraktilität des Myokards eingeschränkt

(8009-049)

15.04   15.4.5   Fragentyp A
____

Welche Aussage trifft zu?
Bei einem Patienten mit vollkompensiertem totalem AV-
Überleitungsblock (kompletter Vorhof-Kammer-Dissozia-
tion) wäre als völlig atypischer Befund zu bewerten
ein(e)

(A) vergrößertes Schlagvolumen

(B) Auftreten von Vorhofpfropfungswellen im Venenpuls

(C) verminderter diastolischer Systemarteriendruck

(D) Zunahme der Blutdruckamplitude in peripheren Sy-
    stemarterien

(E) verringerte Pulsperiodendauer in peripheren System-
    arterien

(8009-034)

15.05   15.5.7   Fragentyp C
____

Eine respiratorische Verteilungsstörung führt in der
Regel zu einer arteriellen Hypoxaemie

<u>weil</u>   .

der alveolo-kapilläre Reflex zu einer vorzugsweisen
Durchblutung der hypoventilierten Gebiete der Lunge und
damit zu mangelhafter Arterialisation führt.

(8009-071)

16.01   16.1   Fragentyp A3
____

Welche Aussage trifft _nicht_ zu?
Am Zustandekommen schwerwiegender Störungen der Mikro-
zirkulation beim fortgeschrittenen Kreislaufschock können folgende Mechanismen direkt oder indirekt beteiligt
sein:

(A) Strömungsverlangsamung in den postkapillären Mikro-
    gefäßen

(B) Thrombozyten- und Erythrozytenaggregation

(C) intensive Konstriktion zahlreicher präkapillarer
    Widerstandsgefäße

(D) Reduzierung des arterio-venösen Druckgefälles im
    Systemkreislauf

(E) ausgeprägter Abfall der Blutviskosität

(8009-050)

16.02   16.1.2   Fragentyp D
____

Im akuten Kreislaufversagen wird die Durchblutung folgender Kreislaufgebiete vorrangig gewährleistet:

(1) Koronargebiet

(2) Splanchnikusgebiet

(3) Gehirn

(4) Niere

(A) nur 1 und 2 sind richtig

(B) nur 1 und 3 sind richtig

(C) nur 3 und 4 sind richtig

(D) nur 1, 3 und 4 sind richtig

(E) nur 2, 3 und 4 sind richtig

(8009-093)

<u>**17.01**</u>   <u>**17.4**</u>   <u>Fragentyp D</u>

Folgende Einflüsse können stimulierend auf die Atmung wirken:

(1) akute Schmerzreize

(2) arterielle Hypoxie

(3) pH-Abfall im Liquor cerebrospinalis

(4) Progesteronausschüttung

(A) nur 1 ist richtig

(B) nur 1 und 2 sind richtig

(C) nur 2 und 3 sind richtig

(D) nur 1, 2 und 4 sind richtig

(E) 1 - 4 = alle sind richtig

(8009-091)

<u>**18.01**</u>   <u>**18.1.3**</u>   <u>Fragentyp A3</u>

Welche Aussage trifft <u>nicht</u> zu?
Während artefizieller Hypothermie mit Senkung der Körperkerntemperatur auf etwa 29° C kommt es beim Menschen gegenüber den Verhältnissen bei normaler Körpertemperatur zu folgenden Veränderungen:

(A) Erhöhung der Blutviskosität

(B) Bradykardie

(C) arterielle Hypotonie im Systemkreislauf

(D) Rechtsverschiebung der O_2-Bindungskurve des Blutes

(E) Zunahme der CO_2-Löslichkeit im Blutplasma

(8009-051)

Welche Aussage trifft zu?

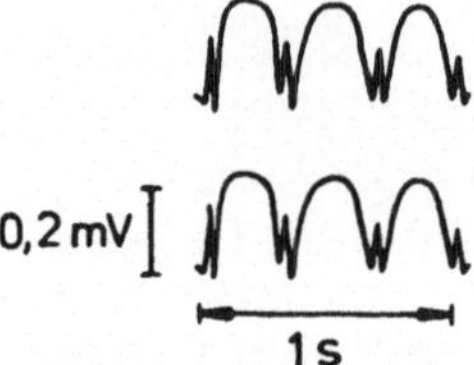

Es handelt sich bei dem abgebildeten EEG wahrscheinlich um ein

(A) EEG im Tiefschlaf

(B) Arousal-EEG

(C) EEG in tiefer Barbituratnarkose

(D) EEG mit Krampfpotentialen bei Epilepsie

(E) EEG im REM-Schlaf

(8009-027)

Antwortenschlüssel zu den Fragen des IMPP

A. Klinische Chemie

1. Der klinisch-chemische Befund

1.01 (7803-088) A		1.05 (7703-052) A
1.02 (7903-093) E		1.06 (7709-113) E
1.03 (7803-087) C		1.07 (7503-334) C
1.04 (7709-033) E		1.08 (8003-109) B

2. Klinisch-chemische Analytik

2.01 (7503-336) E		2.07 (7809-082) A
2.02 (7903-092) D		2.08 (7809-083) D
2.03 (7803-060) E		2.09 (7703-053) B
2.04 (8003-108) E		2.10 (7809-094) D
2.05 (7909-063) E		2.11 (7903-049) B
2.06 (7809-081) E		oder D!
		2.12 (8003-037) D

3. Befunderstellung aus Analysenergebnissen

3.01 (7709-035) A

4. Proteine und Nukleinsäuren

4.01 (7803-050) B		4.03 (7703-075) A
4.02 (7703-074) C		4.04 (7703-076) E

5. Lipide und Lipoproteine

5.01 (7703-087) C
5.02 (7809-092) A

6. Kohlenhydrate

6.01 (7503-341) B		6.03 (7903-094) C
6.02 (7809-041) E		6.04 (7809-093) C

Antwortenschlüssel zu den Fragen des IMPP

7. Hormone

7.01 (7703-069) A
7.02 (7703-070) C
7.03 (7703-071) D
7.04 (7709-114) B
7.05 (7903-033) C

7.06 (7903-068) A
7.07 (7703-047) D
7.08 (7503-342) D
7.09 (7703-049) A

8. Enzyme

8.01 (7809-120) D
8.02 (7903-069) A
8.03 (8003-051) B
8.04 (8003-052) A
8.05 (7903-048) C

8.06 (7903-037) D
8.07 (7909-110) E
8.08 (7709-112) D
8.09 (7909-106) B
8.10 (8003-067) A

9. Blut

9.01 (7809-044) E
9.02 (7803-049) D
9.03 (7709-038) E
9.04 (7503-339) A
9.05 (7909-107) B
9.06 (8003-107) D
9.07 (7709-115) C
9.08 (7809-043) B
9.09 (7909-109) D
9.10 (7909-108) C
9.11 (7803-048) B

9.12 (7709-037) D
9.13 (7903-055) E
9.14 (7903-056) B
9.15 (7809-042) D
9.16 (7703-051) B
9.17 (7703-119) D
9.18 (8003-035) A
9.19 (7503-340) E
9.20 (7903-032) A
9.21 (7703-050) D
oder A

10. Gastrointestinaltrakt

10.01 (7803-090) A
10.02 (7503-344) C
10.03 (7503-345) A
10.04 (7503-346) B
10.05 (7709-034) A
10.06 (7709-036) B

10.07 (7703-035) E
10.08 (7703-120) C
10.09 (7809-045) D
10.10 (7903-089) A
10.11 (8003-106) B

11. Säure-Basen-Haushalt und Blutgase

11.01 (7809-040) B
11.02 (7903-034) B

11.03 (7709-062) D
11.04 (7709-063) E

13. Niere und ableitende Harnwege

13.01	(7903-090)	D		
13.02	(7703-047)	A		
13.03	(7803-059)	B		
13.04	(7803-089)	C		
13.05	(8003-066)	A		
13.06	(7803-047)	C		
13.07	(7809-119)	B		
13.08	(7803-045)	B		
13.09	(7909-064)	C		
13.10	(7903-096)	D		
13.11	(7709-083)	A		

13.12	(8003-069)	D
13.13	(8003-105)	D
13.14	(7903-091)	D
13.15	(7803-046)	B
13.16	(7903-036)	A
13.17	(7803-051)	D
13.18	(7709-053)	E
13.19	(7809-118)	A
13.20	(7703-072)	B
13.21	(7703-073)	C
13.22	(7703-118)	E

14. Stütz- und Bewegungsapparat

14.01	(7903-095)	D
14.02	(7709-082)	C

14.03	(7909-065)	C
14.04	(7703-048)	B

Antwortenschlüssel zu den Fragen des IMPP

Antwortenschlüssel
zu den Fragen des IMPP

B. Pathobiochemie - Pathophysiologie

1. Stoffwechsel der Nucleinsäuren

1.01 (7703-082) C
1.02 (7903-049) D
1.03 (7709-061) B

1.04 (7909-032) B
1.05 (7803-119) D

2. Stoffwechsel der Aminosäuren, Proteine

2.01 (7703-119) D
2.02 (7903-106) D
2.03 (7903-111) C
2.04 (8003-082) B
2.05 (7803-101) C
2.06 (7803-102) D
2.07 (7809-093) C

2.08 (7709-088) A
2.09 (7909-040) A
2.10 (7803-103) D
2.11 (7709-065) B
2.12 (7503-252) C
2.13 (7809-113) D
2.14 (7803-104) B

4. Stoffwechsel der Lipide

4.01 (8003-014) B
4.02 (7909-103) D
4.03 (7809-065) E

4.04 (7909-061) A
4.05 (7909-056) A

5. Stoffwechsel der Kohlenhydrate

5.01 (7709-048) E
5.02 (7909-043) B
5.03 (7909-100) E
5.04 (7809-112) E
5.05 (7903-075) A
5.06 (7803-105) E
5.07 (7503-250) D
5.08 (7809-070) D

5.09 (8003-017) C
5.10 (7903-107) A
5.11 (7509-251) B
5.12 (7909-104) E
5.13 (7903-048) C
5.14 (8003-056) C
5.15 (8003-081) E

6. Innere Sekretion

6.01 (7709-118) D
6.02 (8003-057) C
6.03 (7903-109) C
6.04 (7903-101) D
6.05 (8003-074) E

6.06 (7909-062) B
6.07 (7903-083) C
6.08 (7909-029) A
6.09 (7809-067) B
6.10 (7803-100) C

Antwortenschlüssel
zu den Fragen des IMPP

6.11	(7709-064)	B	6.24	(7903-029)	C
6.12	(7803-099)	E	6.25	(7903-112)	C
6.13	(7703-085)	D	6.26	(7809-115)	B
6.14	(7909-045)	A	6.27	(7809-071)	D
6.15	(7903-065)	B	6.28	(7803-084)	A
6.16	(7903-066)	C	6.29	(7909-036)	A
6.17	(7709-092)	A	6.30	(8003-060)	B
6.18	(7809-117)	D	6.31	(7909-098)	E
6.19	(7703-083)	C	6.32	(7903-074)	A
6.20	(7903-050)	A	6.33	(8003-059)	C
6.21	(7909-037)	C	6.34	(7709-117)	E
6.22	(8003-044)	E	6.35	(7703-092)	C
6.23	(7803-056)	A	6.36	(7709-063)	C

7. Vitamine

7.01	(7903-030)	E	7.04	(7503-253)	E
7.02	(7903-027)	A	7.05	(7809-069)	A
7.03	(7709-120)	E	7.06	(7903-110)	E

8. Gastrointestinaltrakt

8.01	(7909-042)	E	8.04	(7903-047)	E
8.02	(7709-115)	C	8.05	(7803-082)	B
8.03	(7903-098)	E	8.06	(7903-085)	C

9. Leber

9.01	(7909-044)	E	9.07	(8003-058)	C
9.02	(7803-054)	C	9.08	(7409-262)	B
9.03	(7409-255)	D	9.09	(8003-080)	C
9.04	(7709-085)	C	9.10	(7803-084)	A
9.05	(7909-101)	D	9.11	(7509-261)	D
9.06	(8003-048)	D			

10. Salz-, Wasser- und Säure-Basen-Haushalt

10.01	(7809-119)	E	10.12	(7709-046)	D
10.02	(8003-073)	E	10.13	(8003-042)	C
10.03	(7709-044)	B	10.14	(8003-079)	A
10.04	(7903-108)	B	10.15	(7903-105)	B
10.05	(7703-068)	C	10.16	(7809-090)	D
10.06	(7809-114)	E	10.17	(7909-023)	D
10.07	(7803-022)	B	10.18	(7903-082)	A
10.08	(7709-060)	A	10.19	(7709-091)	C
10.09	(7903-055)	D	10.20	(8003-072)	D
10.10	(7809-036)	E	10.21	(7909-025)	D
10.11	(7809-091)	E			

Antwortenschlüssel zu den Fragen des IMPP

11. Niere

11.01 (7702-113) D	11.06 (7709-043) C
11.02 (8003-076) B	11.07 (7909-102) C
11.03 (7803-060) D	11.08 (7909-059) A
11.04 (7909-033) B	11.09 (7903-080) B
11.05 (7809-035) C oder A	

12. Binde- und Stützgewebe

12.01 (7809-116) D	12.05 (8003-078) C
12.02 (7903-051) B	12.06 (7503-263) D
12.03 (8003-054) A	12.07 (7703-114) E
12.04 (7809-066) B	

13. Malignes Wachstum

13.01 (7809-057) C
13.02 (7909-041) D

14. Blut und blutbildende Organe

14.01 (7709-047) C	14.08 (7503-256) B
14.02 (7703-087) D	14.09 (7909-034) E
14.03 (7709-045) B	14.10 (7809-034) E
14.04 (7909-046) D	14.11 (7803-079) C
14.05 (7703-094) A	14.12 (7902-102) C
14.06 (8003-034) D	14.13 (7803-055) C
14.07 (8003-039) C	14.14 (7803-083) C

15. Herz

15.01 (7809-037) D	15.08 (7803-057) E
15.02 (7909-024) D	15.09 (8003-040) A
15.03 (7909-028) E	15.10 (7909-060) B
15.04 (7509-254) D	15.11 (7703-092) B
15.05 (8003-077) C	15.12 (7709-083) A
15.06 (7903-078) D	15.13 (7903-079) A
15.07 (7703-069) A	15.14 (7903-099) C

16. Kreislauf

16.01 (7803-098) E	16.07 (7903-054) D
16.02 (7909-066) D	16.08 (7909-099) D
16.03 (7709-066) E	16.09 (7903-077) C
16.04 (7903-081) A	16.10 (7703-080) E
16.05 (7903-104) B	16.11 (7709-087) C
16.06 (8003-071) C	

17. Atmung

17.01 (7909-055) C	17.08 (7409-258) D
17.02 (7803-097) B	17.09 (7709-084) A
17.03 (7903-076) D	17.10 (7903-103) E
17.04 (7809-094) C	17.11 (7809-038) E
17.05 (8003-045) B	17.12 (7903-100) D
17.06 (7903-053) E	17.13 (8003-053) C
17.07 (7909-039) D	17.14 (8003-041) A

18. Wärmehaushalt

18.01 (7909-038) B	18.03 (7703-120) D
18.02 (7909-035) B	18.04 (7709-059) D

19. Nervensystem

19.01 (7409-265) B	19.12 (8003-019) A
19.02 (7409-266) C	19.13 (8003-015) C
19.03 (7409-267) D	19.14 (7803-081) A
19.04 (7703-071) A	19.15 (7909-105) D
19.05 (7709-062) B	19.16 (7909-048) A
19.06 (7909-058) A	19.17 (7909-049) C
19.07 (8003-043) E	19.18 (7809-118) D
19.08 (7509-264) D	19.19 (7909-057) C
19.09 (7809-092) A	19.20 (7703-070) E
19.10 (7809-068) D	19.21 (7903-052) D
19.11 (7903-097) B	

Examensfragen Herbst 1980

Klinische Chemie

1.01	(8009-078)	A
2.01	(8009-056)	A
2.02	(8009-001)	D
3.01	(8009-002)	B
6.01	(8009-076)	E
6.02	(8009-057)	C
9.01	(8009-079)	B

9.02	(8009-003)	C
10.01	(8009-004)	B
11.01	(8009-005)	A
11.02	(8009-052)	D
11.03	(8009-053)	E
13.01	(8009-077)	C

Pathobiochemie - Pathophysiologie

1.01	(8009-072)	A
2.01	(8009-045)	B
2.02	(8009-099)	B
4.01	(8009-096)	E
5.01	(8009-097)	E
5.02	(8009-040)	B
5.03	(8009-094)	C
5.04	(8009-043)	C
5.05	(8009-041)	C
6.01	(8009-064)	D
6.02	(8009-029)	D
6.03	(8009-042)	A
6.04	(8009-095)	E
6.05	(8009-092)	E
6.06	(8009-046)	C
6.07	(8009-068)	A
6.08	(8009-090)	E
8.01	(8009-067)	A
8.02	(8009-110)	B
8.03	(8009-069)	A
10.01	(8009-031)	D
10.02	(8009-028)	B

10.03	(8009-044)	A
10.04	(8009-058)	C
10.05	(8009-073)	D
11.01	(8009-059)	A
11.02	(8009-047)	D
11.03	(8009-048)	D
11.04	(8009-032)	C
11.05	(8009-070)	C
14.01	(8009-066)	A
14.02	(8009-030)	E
14.03	(8009-074)	C
15.01	(8009-033)	D
15.02	(8009-075)	C
15.03	(8009-049)	A
15.04	(8009-034)	E
15.05	(8009-071)	C
16.01	(8009-050)	E
16.02	(8009-093)	B
17.01	(8009-091)	B
18.01	(8009-051)	D
19.01	(8009-027)	D

Antwortenschlüssel zu den Fragen des IMPP

Titel des Buches: **Examens-Fragen**
Klinische Chemie, 2. Auflage

Was können wir bei der nächsten Auflage besser machen?

Zur inhaltlichen und formalen Verbesserung unserer Lehrbücher bitten wir um Ihre Mithilfe. Wir würden uns deshalb freuen, wenn Sie uns die nachstehenden Fragen beantworten könnten.

1. Finden Sie ein Kapitel besonders gut dargestellt? Wenn ja, welches und warum?____

____

____

2. Welches Kapitel hat Ihnen am wenigsten gefallen. Warum?__________

____

____

3. Bringen Sie bitte dort ein × an, wo Sie es für angebracht halten.

	Vorteilhaft	Angemessen	Nicht angemessen
Preis des Buches			
Umfang			
Aufmachung			
Abbildungen			
Tabellen und Schemata			
Register			

	Sehr wenige	Wenige	Viele	Sehr viele
Druckfehler				
Sachfehler				

4. Spezielle Vorschläge zur Verbesserung dieses Textes (u. a. auch zur Vermeidung von Druck- und Sachfehlern)________________________

____

____

____

____

____

bitte wenden!

5. Bitte teilen Sie uns mit, auf welchen Fachgebieten Ihrer Meinung nach moderne Lehrbücher fehlen. Dazu folgende kurze Charakterisierung unserer eigenen Werke:

Fragensammlungen = Examensfragen zur Vorbereitung auf Prüfungen

Basistexte = vermitteln nach der neuen Approbationsordnung das für das Examen wichtige Stoffgebiet

Kurzlehrbücher = zur Vertiefung des Basiswissens gedacht; für den sorgfältigen Studenten

Lehrbücher = Umfassende Darstellungen eines Fachgebietes; zum Nachschlagen spezieller Informationen

Fachgebiet	Fragen-sammlungen	Basistexte	Kurz-lehrbücher	Lehrbücher

Bei Rücksendung werden Sie automatisch in unsere Adressenliste aufgenommen.

Name____

Adresse____

____

Fachstudium____

Semester____

Ärztliche Vorprüfung________________________________

Datum/Unterschrift_________________________________

Wir danken Ihnen für die Beantwortung der Fragen und bitten um Einsendung des Blattes an:

Frau M. Kalow
Springer-Verlag
Neuenheimer Landstraße 28

W. Rick

Klinische Chemie und Mikroskopie

Eine Einführung

5., überarbeitete Auflage. 1977. 56 Abbildungen (davon 13 Farbtafeln), 29 Tabellen. XVI, 426 Seiten
DM 26,–
ISBN 3-540-08219-0

Inhaltsübersicht: Hämatologie – Hämostaseologie. – Klinische Chemie. – Harn. – Liquor. – Stuhl. – Magensaft. – Pankreassektion. – Resorption im Dünndarm. – Fehler bei der Laboratoriumsarbeit. – Vermeidung bzw. Verminderung dieser Fehler. – Normbereiche. – Sachverzeichnis.

Diese Einführung gibt einen Überblick über die im modernen Laboratorium üblichen klinisch-chemischen und mikroskopischen Untersuchungen. Auch in der neuen Auflage wurde die Stoffauswahl und Gliederung nicht verändert, da es nur bei dieser Beschränkung auf das Wesentliche möglich ist, dem Lernenden ein dauerhaftes Basiswissen zu vermitteln, auf dem er weiter aufbauen kann. Auf den verschiedenen Gebieten sind in dem kurzen Zeitraum seit Erscheinen der letzten Auflage nur begrenzt Fortschritte erzielt worden, die bei der Überarbeitung berücksichtigt wurden.
Besonderer Wert wurde wiederum auf übersichtliche Anordnung des Stoffes, anschauliche Abbildungen und einprägsame Tabellen gelegt. Das Buch vermittelt Medizinstudenten und MTA-Schülerinnen klare Grundkenntnisse in der klinischen Chemie und Mikroskopie. Weiterhin wird es bei der praktischen Arbeit im Laboratorium und insbesondere bei der sogenannten Qualitätskontrolle nützlich sein.

Springer-Verlag
Berlin
Heidelberg
GmbH

E. Jawetz, J. L. Melnick, E. A. Adelberg

Medizinische Mikrobiologie

Übersetzt nach der 13. amerikanischen Originalausgabe von G. Maass, R. Thomssen

5. neubearbeitete Auflage. 1980.
290 Abbildungen, 79 Tabellen.
XV, 778 Seiten
DM 68,–
ISBN 3-540-09629-9

Die **Medizinische Mikrobiologie,** die jetzt in 5. Auflage vorliegt, ist in erster Linie ein Lehrbuch für Studenten, das sich als Einführung in den mikrobiologischen Kurs besonders brauchbar erwiesen hat. Für den praktizierenden Arzt und den Wissenschaftler bietet sich dieses Buch als hervorragendes Nachschlagewerk an.

Aus den Besprechungen:
"Das Lehrbuch von Jawetz, Melnick & Adelberg erfreut sich mit Recht großer Beliebtheit: Seine klare Diktion, die hervorragende bildmäßige Ausstattung, eine insgesamt gedrängte Darstellung, trotz einiger ins einzelne gehender Spezialkapitel, ferner die Aktualisierung gerade jener Gebiete, die zwischen dem Arzt und Mikrobiologen die wichtigsten Berührungspunkte bilden, z. B. mikrobiologische und immunologische Laboratoriumsdiagnostik sowie Chemotherapie, sind hierfür die Erklärung."
Journal of Clinical Chemistry and Clinical Biochemistry

"Jedem Medizinstudenten wäre zu wünschen, daß er die Mikrobiologie (Bakteriologie, Virologie, Mykologie, Hygiene und Infektionsimmunologie) in Vorlesungen so geboten bekäme, wie es das amerikanische Autoren-Trio Jawetz, Melnick und Adelberg seinen Lesern vorlegt."
Münchner Medizinische Wochenschrift, Infection

Examens-Fragen
Eine Auswahl

Pathologie
2. Auflage. 1976. DM 18,80
ISBN 3-540-07746-4

Biomathematik
1975. DM 18,–. ISBN 3-540-07198-9

Pharmakologie und Toxikologie I
3. Auflage. 1980. DM 19,80
ISBN 3-540-10308-2

Pharmakologie und Toxikologie II
3. Auflage. 1980. DM 16,80
ISBN 3-540-10309-0

Innere Medizin
5. Auflage. 1979. DM 32,–
ISBN 3-540-09426-1

Kinderheilkunde
3. Auflage. 1980. DM 29,80
ISBN 3-540-09805-4

Dermatologie
4. Auflage. 1979. DM 24,–
ISBN 3-540-09179-3

Chirurgie
2. Auflage. 1980. DM 36,–
ISBN 3-540-09931-X

Gynäkologie und Geburtshilfe
1979. DM 18,–. ISBN 3-540-09139-4

Neurologie
2. Auflage. 1978. DM 19,80
ISBN 3-540-09032-0

Psychiatrie
1974. DM 14,–. ISBN 3-540-06925-9

Arbeitsmedizin
1973. DM 14,–. ISBN 3-540-06069-3

Rechtsmedizin
1976. DM 18,–. ISBN 3-540-07769-3

Anaesthesiologie und Intensivmedizin
2. Auflage. 1980. DM 16,80
ISBN 3-540-10321-X

Springer-Verlag
Berlin
Heidelberg
GmbH